DIE ERREICHBARKEIT DER HIMMELSKÖRPER

UNTERSUCHUNGEN ÜBER DAS RAUMFAHRTPROBLEM

VON

DR.-ING. W. HOHMANN, ESSEN

MÜNCHEN UND BERLIN 1925
DRUCK UND VERLAG R. OLDENBOURG

Vorwort.

Die vorliegende Arbeit will durch nüchterne rechnerische Verfolgung aller scheinbar im Wege stehenden naturgesetzlichen und Vorstellungsschwierigkeiten zu der Erkenntnis beitragen, daß das Raumfahrtproblem durchaus ernst zu nehmen ist, und daß bei zielbewußter Vervollkommnung der bereits vorhandenen technischen Möglichkeiten an seiner schließlichen erfolgreichen Lösung gar nicht mehr gezweifelt werden kann.

Bei der ursprünglichen Bearbeitung, deren Anfänge etwa 10 Jahre zurückreichen, glaubte der Verfasser in einer Abstoßungsgeschwindigkeit von 2000 m/sec das Alleräußerste erblicken zu müssen, was von unseren technischen Hilfsmitteln in absehbarer Zeit überhaupt erreicht werden könnte. Deshalb wurden die Berechnungen anfänglich nur für diesen zunächst höchstens noch erreichbar gedachten Grenzwert durchgeführt. Inzwischen sind aber drei Arbeiten über das Raketenproblem erschienen, aus denen hervorgeht, daß bei geeigneter Anordnung weit höhere Auspuffgeschwindigkeiten erreicht werden können:

Goddard: »A method of reaching extreme altitudes« (hauptsächlich auf Grund ausgeführter Versuche);

Oberth: »Die Rakete zu den Planetenräumen« (besonders wertvoll durch genau ausgearbeitete Vorschläge auf Grund theoretischer Untersuchungen);

Valier: »Der Vorstoß in den Weltenraum« (eine allgemeinverständliche Darstellung des Problems).

Aus diesem Grunde und besonders zur Ermöglichung eines unmittelbaren Vergleiches mit den Ergebnissen der Oberthschen Arbeit sind die Berechnungen nachträglich auch auf höhere Abstoßungsgeschwindigkeiten (2500, 3000, 4000 und 5000 m/sec) ausgedehnt worden, so daß schließlich der ursprünglich als höchstmöglich angesehene Betrag von 2000 m/sec jetzt als unterster Grenzwert erscheint. Dadurch sind die Verhältnisse natürlich wesentlich günstiger geworden. Hierbei ist allerdings folgendes zu beachten:

Bei der Verwendung verhältnismäßig geringer Abstoßungsgeschwindigkeiten muß jeder tote Ballast vermieden werden. Diese Forderung führte zur Anordnung der abzustoßenden Betriebsmasse in der Form eines Turmes aus einem festen Explosivstoff, bei dessen allmählichem Abbrennen die Abgase von selbst mit der vorgeschriebenen Geschwindigkeit entweichen sollen. Diese Anordnung stellt gewissermaßen die ideale Lösung dar — weil ohne toten Ballast; sie ist aber auch nur bei verhältnismäßig geringen Abstoßungsgeschwindigkeiten denkbar. Die höheren Auspuffgeschwindigkeiten sind nach Oberth nur durch das Ausströmen verbrennender Gase aus verengten Düsen erreichbar; und die Mitführung der Düsen sowohl wie der zur Unterbringung des jetzt bestenfalls flüssigen Betriebsstoffes nötigen Behälter bedeutet einen mehr oder weniger großen toten Ballast, der allerdings auch wieder um so leichter zu ertragen sein wird, je höher die erreichbare Auspuffgeschwindigkeit ist.

Bei den in den letzten beiden Abschnitten berechneten Aufstiegsgewichten sind diese voraussichtlich unvermeidlichen toten Massen noch nicht berücksichtigt, da ihre Abschätzung ohne praktische Versuche über die günstigste Form- und Materialverwendung für die Düsen und Behälter kaum möglich ist. Die jeweils angeführten Aufstiegsgewichte G_0 stellen also die untersten Grenzwerte bei Verwendung einer idealen Antriebsmasse dar.

Die Berücksichtigung der höheren Abstoßungsgeschwindigkeiten sowie einige weitere nachträgliche Ergänzungen — so besonders die Untersuchungen über die Landungsmöglichkeit ohne Bremsellipsen am Schlusse des zweiten und über die schneidenden Ellipsen am Schlusse des fünften Abschnittes, sowie die Berücksichtigung der Erwärmung beim Landen — verdanken ihre Entstehung den Anregungen von Herrn Valier und Herrn Professor Oberth.

Wenn bei den Berechnungen stellenweise statt streng mathematischer Formeln etwas umständlich erscheinende Näherungsverfahren angewendet wurden, so liegt dies daran, daß der Verfasser nicht Mathematiker sondern Ingenieur ist. Auf die Endergebnisse wird es ohne großen Einfluß geblieben sein.

Essen, im Oktober 1925.

W. Hohmann.

Inhalt.

I.

Loslösung von der Erde.

Befänden wir uns außerhalb des Wirkungsbereiches jeder Schwerkraft in einem ruhenden Fahrzeuge, so könnten wir unserem Fahrzeug in beliebiger Richtung eine Geschwindigkeit Δv erteilen dadurch, daß wir von der Fahrzeugmasse m einen Teil Δm in entgegengesetzter Richtung mit der Geschwindigkeit c relativ zum Fahrzeug fortschleuderten. Da der Massenmittelpunkt (Schwerpunkt) der Gesamtmasse m dabei seine Ruhelage beibehalten muß, so ist nach Ablauf einer beliebigen Zeit t nach Abb. 1:

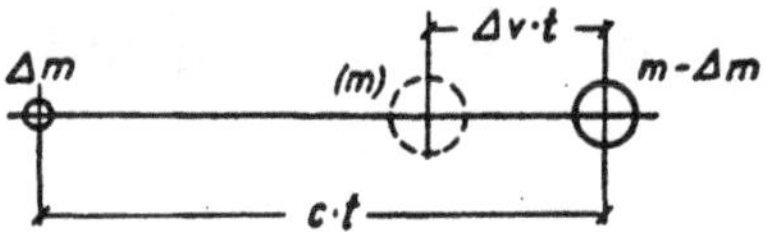

Abb. 1.

$$\Delta m\,(c \cdot t - \Delta v \cdot t) = (m - \Delta m) \cdot \Delta v \cdot t;$$

oder

$$\frac{m - \Delta m}{\Delta m} = \frac{c - \Delta v}{\Delta v},$$

oder

$$\frac{m}{\Delta m} = \frac{c}{\Delta v}, \quad \ldots\ldots\ldots \quad (1)$$

also

$$\Delta v = c \cdot \frac{\Delta m}{m};$$

d. h.: nach einmaligem Fortschleudern des Massenteiles Δm mit der Geschwindigkeit c bewegt sich die übrigbleibende Masse $(m - \Delta m)$ mit einer Geschwindigkeit $\Delta v = c \cdot \frac{\Delta m}{m}$ vom Ausgangspunkte weg nach entgegengesetzter Richtung wie Δm, und zwar so lange, bis durch eine neue Maßnahme eine Änderung der Bewegung eintritt.

Wird in jeder Sekunde ein Massenteil $\frac{dm}{dt}$ mit der gleichbleibenden Geschwindigkeit c fortgeschleudert oder »ausgestrahlt«, so erhält die jeweils übrigbleibende Masse eine Beschleunigung

$$\frac{dv}{dt} = \frac{c}{m} \cdot \frac{dm}{dt} \quad \ldots\ldots\ldots \quad (1\,a)$$

unter steter Abnahme der Masse m.

Wird nun der Betrieb so eingerichtet, daß in jedem Augenblicke die sekundlich fortgeschleuderten oder ausgestrahlten Massenteile $\frac{dm}{dt}$ proportional der jeweils noch vorhandenen Masse m sind, so daß also

$$\frac{dm}{dt} : m = a = \text{konstant}$$

ist, so wird die Beschleunigung gleichförmig und von der Masse unabhängig:

$$\frac{dv}{dt} = c \cdot a, \quad \ldots \ldots \ldots \ldots \quad (1\,b)$$

solange auch die Fortschleuderungs- oder Ausstrahlungsgeschwindigkeit c unverändert bleibt.

Die Massenabnahme erfolgt dabei nach dem Gesetze

$$\frac{dm}{dt} = -am \quad \ldots \ldots \ldots \ldots \quad (1\,c)$$

(negativ, da m mit zunehmender Zeit abnimmt), also

$$\int \frac{dm}{m} = -a \int dt$$

und nach Integration

$$\ln m = -at + C.$$

Bezeichnet m_0 die ursprüngliche Masse zu Beginn der Beschleunigung, also zu der Zeit $t = 0$, so ist

$$\ln m_0 = 0 + C;$$

$$C = \ln m_0;$$

also

$$\ln m = -at + \ln m_0,$$

oder

$$\ln \frac{m}{m_0} = -at,$$

und

$$\frac{m}{m_0} = e^{-at} \text{ oder } \frac{m_0}{m} = e^{at}; \quad \ldots \ldots \ldots \quad (2)$$

d. h. die nach Ablauf der Zeit t übriggebliebene Masse ist

$$m = \frac{m_0}{e^{at}}.$$

Wirkt nun einem Raumfahrzeuge vorstehend beschriebener Art mit der Eigenbeschleunigung ca eine Schwerkraft mit der Schwerbeschleunigung g entgegen, so ist seine Gesamtbeschleunigung

$$\frac{dv}{dt} = ca - g.$$

Bewegt sich z. B. das Fahrzeug im Abstande r vom Erdmittelpunkte in radialer Richtung nach auswärts und bezeichnet g_0 die Schwerbeschleunigung an der Erdoberfläche vom Halbmesser r_0 (s. Abb. 2), so ist die der Eigenbeschleunigung entgegenwirkende Schwerbeschleunigung nach dem Gravitationsgesetze[1]):

$$g = g_0 \cdot \frac{r_0^2}{r^2} \quad \ldots\ldots\ldots \quad (3)$$

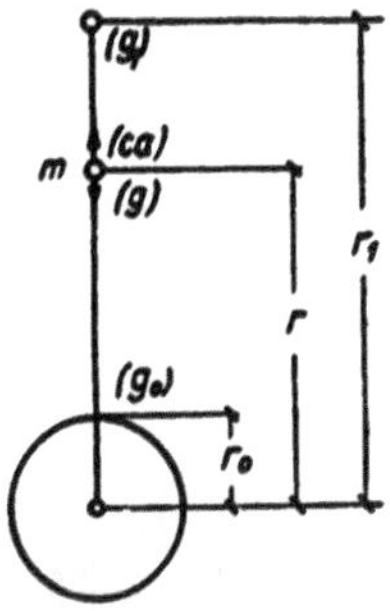

Abb. 2.

also die Gesamtbeschleunigung des Fahrzeuges

$$\frac{dv}{dt} = ca - g_0 \frac{r_0^2}{r^2};$$

da ferner

$$\frac{dr}{dt} = v$$

ist, so folgt

$$\frac{dv}{dr} = \frac{ca - \frac{g_0 r_0^2}{r^2}}{v}; \qquad \int v\,dv = \int\left(ca - \frac{g_0 r_0^2}{r^2}\right) dr;$$

$$\frac{v^2}{2} = car + \frac{g_0 r_0^2}{r} + C.$$

Soll an der Erdoberfläche ($r = r_0$) die Fahrzeugbewegung aus der Ruhelage ($v = 0$) beginnen, so ist dort

$$0 = car_0 + \frac{g_0 r_0^2}{r_0} + C,$$

also

$$C = -car_0 - g_0 r_0 = -r_0(ca + g_0),$$

folglich allgemein

$$\frac{v^2}{2} = car + \frac{g_0 r_0^2}{r} - r_0(ca + g_0) = (r - r_0)\left(ca - g_0 \frac{r_0}{r}\right). \quad . \quad (4)$$

Hört im Abstande r_1 und nach Erreichung einer Höchstgeschwindigkeit v_1 die Eigenbeschleunigung ca auf, so verhält sich in der Folge das Fahrzeug wie ein mit der Anfangsgeschwindigkeit v_1 senkrecht nach oben geworfener Körper, d. h. es erfährt im beliebigen Abstande $r' > r_1$ in seiner augenblicklichen Geschwindigkeit

$$v' = \frac{dr'}{dt}$$

eine Verzögerung

$$\frac{dv'}{dt} = -g_0 \frac{r_0^2}{r'^2};$$

---

[1]) Eine Ableitung der Gravitationsgesetze befindet sich am Schlusse des III. Abschnittes.

aus diesen beiden Gleichungen folgt jetzt

$$v' \, dv' = - g_0 r_0^2 \frac{dr'}{r'^2};$$

also

$$\frac{v'^2}{2} = + \frac{g_0 r_0^2}{r'} + C;$$

und zwar ist

$$C = \frac{v_1^2}{2} - \frac{g_0 r_0^2}{r_1},$$

also

$$\frac{v'^2}{2} = \frac{g_0 r_0^2}{r'} + \frac{v_1^2}{2} - \frac{g_0 r_0^2}{r_1} \quad \ldots\ldots\ldots\ldots \quad (5)$$

Soll das Fahrzeug im Abstande r_1 vom Anziehungszentrum eine solche Höchstgeschwindigkeit v_1 erreicht haben, bei welcher es auch nach Aufhören seiner Eigenbeschleunigung ca unter dem Einflusse der Schwerkraft nicht zurückkehrt, so darf die Endgeschwindigkeit $v' = 0$ erst im Abstande $r' = \infty$ erreicht werden, so daß nach Gleichung (5)

$$\frac{v_1^2}{2} = \frac{g_0 r_0^2}{r_1}; \quad \ldots\ldots\ldots\ldots \quad (6)$$

anderseits ist nach Gleichung (4)

$$\frac{v_1^2}{2} = c a r_1 + \frac{g_0 r_0^2}{r_1} - r_0 (ca + g_0);$$

folglich

$$c a r_1 = r_0 (ca + g_0),$$

oder

$$r_1 = r_0 \frac{ca + g_0}{ca} = r_0 \left(1 + \frac{g_0}{ca}\right) \quad \ldots\ldots\ldots \quad (7)$$

und

$$v_1 = \sqrt{\frac{2 g_0 r_0^2}{r_1}} = \sqrt{\frac{2 g_0 r_0}{1 + \frac{g_0}{ca}}} \quad \ldots\ldots\ldots \quad (8)$$

Die Zeitdauer t_1, nach welcher dieser Abstand r_1 und diese Höchstgeschwindigkeit v_1 erreicht ist, ergibt sich aus

$$\frac{dr}{dt} = v$$

in der allgemeinen Form

$$t_1 = \int_{r_0}^{r_1} \frac{dr}{v} = \int_{r_0}^{r_1} \frac{dr}{\sqrt{2 c a r + \frac{2 g_0 r_0^2}{r} - 2 r_0 (ca + g_0)}}.$$

Da die Auflösung dieses Integrales auf Schwierigkeiten stößt, soll bei Ermittelung der Zeitdauer t_1 von der Veränderlichkeit der Schwerbeschleunigung g mit der Entfernung abgesehen und mit einem Mittelwerte g_m zwischen g_0 und g_1 gerechnet werden, und zwar soll, um ungünstig zu rechnen, als Mittelwert g_m nicht $\frac{g_0 + g_1}{2}$, sondern

$$g_m = \frac{2\,g_0 + g_1}{3},$$

oder unter Berücksichtigung von Gleichung (3)

$$g_m = \frac{2\,g_0 + g_0 \frac{r_0^2}{r_1^2}}{3} = \frac{g_0}{3}\left(2 + \frac{r_0^2}{r_1^2}\right) \text{ [1]}$$

angenommen, die Zeitdauer also so ermittelt werden, als ob während derselben die Gesamtbeschleunigung statt $ca - g_0 \frac{r_0^2}{r^2}$

$$\beta = ca - \frac{g_0}{3}\left(2 + \frac{r_0^2}{r_1^2}\right) \quad \ldots\ldots\ldots\ldots \quad (9)$$

wäre. Dann ist angenähert unter Berücksichtigung der Gleichung (7) und Gleichung (8):

$$t_1 = \frac{v_1}{\beta} = \frac{v_1}{ca - \frac{g_0}{3}\left(2 + \frac{r_0^2}{r_1^2}\right)} = \frac{\sqrt{\dfrac{2\,g_0 r_0}{1 + \frac{g_0}{ca}}}}{ca - \frac{g_0}{3}\left(2 + \dfrac{1}{\left(1 + \frac{g_0}{ca}\right)^2}\right)} \quad (10)$$

Wird der so ermittelte Wert t_1 in Gleichung (2) eingesetzt, so ergibt sich

$$\frac{m_1}{m_0} = e^{-a t_1} \quad \text{oder} \quad \frac{m_0}{m_1} = e^{a t_1} \quad \ldots\ldots\ldots \quad (11)$$

als Verhältnis zwischen der zu Beginn der Beschleunigungsdauer t_1 vorhandenen Fahrzeugmasse m_0 und der am Ende der Beschleunigungsdauer noch übriggebliebenen Fahrzeugmasse m_1. Der Unterschied $m_0 - m_1$ muß gewissermaßen als Ballast mitgenommen und während der Beschleunigungszeit t_1 mit gleichbleibender Geschwindig-

[1]) Für kleine Werte von ac ist dieser Mittelwert zu günstig. Richtiger wäre die allgemeinere Form

$$g_m = \frac{\xi \cdot g_0 + g_1}{\xi + 1},$$

worin etwa $\xi = \frac{r_0}{2\,r_0 - r_1}$ gesetzt werden könnte, damit für $ac = g_0$ die Gesamtbeschleunigung β tatsächlich $= 0$ wird.

Tabelle I.

		15	20	25	30	40	50	100	200
Eigenbeschleunigung ca	(m/sec²)	15	20	25	30	40	50	100	200
$r_1 = r_0\left(1 + \frac{g_0}{ca}\right)$	(km)	10 600	9 510	8 860	8 490	7 950	7 640	7 000	6 680
$v_1 = \sqrt{\frac{2 g_0 r_0}{1 + \frac{g_0}{ca}}}$	(m/sec)	8 660	9 150	9 470	9 680	10 000	10 200	10 650	10 890
$\beta = ca - \frac{g_0}{3}\left(2 + \frac{r_0^2}{r_1^2}\right)$	(m/sec²)	7,27	12,00	16,76	21,61	32,35	41,18	90,76	190,46
$t_1 = \frac{v_1}{\beta}$	(sec)	1 192	762	565	448	319	248	117	57
Verhältnis $\frac{m_2}{m_1} = e^{a t_1}$ für die Ausstrahlungsgeschwindigkeit c	$c =$ 1 000 m/sec	58 700 000	4 160 000	1 545 000	675 000	346 000	240 000	120 300	89 130
	$c =$ 1 500 »	149 000	25 000	12 000	7 750	4 950	3 840	2 400	2 000
	$c =$ 2 000 »	7 570	2 010	1 160	825	587	495	347	299
	$e =$ 2 500 »	1 270	438	282	216	164	143	108	95,5
	$c =$ 3 000 »	388	159	110	88	70	62	49	44,7
	$c =$ 4 000 »	87,3	44,8	34,1	28,7	24,2	22,2	18,7	17,2
	$c =$ 5 000 »	35,7	20,9	16,7	14,6	12,8	11,9	10,4	9,8
	$c =$ 10 000 »	6,0	4,6	4,1	3,8	3,6	3,5	3,2	3,1

keit c ausgestrahlt werden, um der Restmasse m_1 die im Abstande r_1 erforderliche Höchstgeschwindigkeit v_1 zu erteilen.

m_1 stellt also die eigentlich nutzbare, von der Erdenschwerkraft losgelöste Fahrzeugmasse dar; ist sie, sowie die Ausstrahlungsgeschwindigkeit c und die Eigenbeschleunigung ca — somit auch der Wert a — nach praktischen Gesichtspunkten gewählt, so ergibt sich r_1, v_1, t_1 und m_0 nach Gleichung (7), (8), (10) und (11).

Aus der vorstehenden Tabelle I läßt sich der Einfluß verschiedener Annahmen für c und ca auf das Verhältnis $\frac{m_0}{m_1}$ beurteilen. Dabei wurde angenommen

$$r_0 = 6380 \text{ km und } g_0 = 9{,}8 \text{ m/sec}^2 = 0{,}0098 \text{ km/sec}^2$$

(die Ergebnisse stellen nur abgerundete Näherungswerte dar).

Die Zusammenstellung zeigt, daß der Einfluß von ca verhältnismäßig geringer ist als der von c. Es kommt also in erster Linie auf die Erzielung einer möglichst großen Ausstrahlungsgeschwindigkeit c und erst in zweiter Linie auf die Wahl einer noch erträglichen Eigenbeschleunigung ca an. Die Eigenbeschleunigung wird nämlich von den Fahrzeuginsassen als erhöhte Schwere empfunden und ist infolgedessen begrenzt durch gesundheitliche Rücksichten. Um einen brauchbaren Grenzwert zu finden, diene folgende Überlegung: Ein aus der Höhe $h = 2$ m herabspringender Mensch erreicht bei Berührung der Erdoberfläche eine Geschwindigkeit $v = \sqrt{2hg_0}$; vom Augenblicke der Berührung an verzögert er durch Beugen der Knie innerhalb einer Höhe von etwa $h' = 0{,}5$ m diese Geschwindigkeit bis zum Werte Null, so daß $v = \sqrt{2h'\beta}$, wobei er die Verzögerung β als erhöhte Schwere empfinden muß. Aus beiden Gleichungen für v folgt

$$\beta = g_0 \frac{h}{h'} = g_0 \frac{2{,}0}{0{,}5} = 4\,g_0 = \sim 40 \text{ m/sec}^2.$$

Wird berücksichtigt, daß bei diesem Beispiele die Verzögerung β nur während des Bruchteiles einer Sekunde, bei unserer Raumfahrt aber die Eigenbeschleunigung ca während einer Reihe von Minuten empfunden werden muß, so erscheint eine Eigenbeschleunigung von 20 bis 30 m/sec² noch erträglich[1]).

Schwieriger ist die Forderung einer möglichst großen Ausstrahlungsgeschwindigkeit c zu erfüllen. Die höchste durch menschliche Hilfsmittel zurzeit erreichbare Geschwindigkeit ist die eines Artilleriegeschosses von etwa 1000 bis 1500 m/sec; sie kommt aber, wie aus

[1]) Eingehendere Untersuchungen über die physiologische Wirkung der Eigenbeschleunigung oder des »Andruckes« sind durchgeführt in Oberth, »Die Rakete zu den Planetenräumen«.

Tabelle I ersichtlich, wegen der zu hohen Werte von $\frac{m_0}{m_1}$ hier gar nicht in Betracht; vielmehr muß für c mindestens der Wert 2000 m/sec verlangt werden.

Nach diesen Überlegungen stellt demnach das Verhältnis $\frac{m_0}{m_1} = 825$ mit $c = 2000$ m/sec und $ca = 30$ m/sec² das mindeste dar, was verlangt werden muß.

Mit diesem untersten Grenzfalle ($ca = 30$; $c = 2000$) sollen im folgenden die Berechnungen durchgeführt werden. Der günstige Einfluß höherer Werte von c wird jedoch gelegentlich durch Vergleichszahlen zum Ausdruck gebracht.

Der zu Beginn der Abfahrt sekundlich auszustrahlende Massenanteil ist dann nach Gleichung (1c)

$$\frac{d\,m_0}{d\,t} = a \cdot m_0,$$

wobei

$$a = \frac{ca}{c} = \frac{30\ \text{m/sec}^2}{2000\ \text{m/sec}} = \frac{0{,}015}{\text{sec}};$$

und

$$m_0 = 825\, m_1;$$

also

$$\frac{d\,m_0}{d\,t} = 0{,}015 \cdot 825\, m_1 = 12{,}4\, m_1.$$

Zu Beginn der Bewegung sind demnach im Verhältnis zur nutzbaren Fahrzeugmasse m_1 ganz erhebliche Massen sekundlich auszustrahlen. Wollte man die Ausstrahlung in der Form des Abfeuerns von Geschossen bewerkstelligen, so müßte man auch dementsprechend schwere Geschütze mitführen, durch deren totes Gewicht wiederum die bleibende Masse m_1 und damit um so mehr die erforderliche Gesamtmasse m_0 unnütz vergrößert würde. Um dies zu vermeiden, sei die mitzuführende Betriebsmasse $m_0 - m_1$ so angeordnet, daß sie gewissermaßen wie eine Rakete allmählich abbrennt, wobei die Verbrennungsprodukte mit der erforderlichen Geschwindigkeit c in den luftleer gedachten Raum abgestoßen werden. Da hierbei die sekundlich abgestoßene Verbrennungsmasse verhältnisgleich sowohl dem jeweiligen Raketenquerschnitt als auch — nach Gleichung (1c) — der jeweils noch vorhandenen Masse sein muß, so ist jeder Querschnitt proportional der darüber lagernden Masse zu denken; der mitgeführte Betriebsstoff müßte demnach in der äußeren Form eines Turmes von gleichbleibender Eigengewichtsbeanspruchung aufgebaut sein (s. Abb. 3).

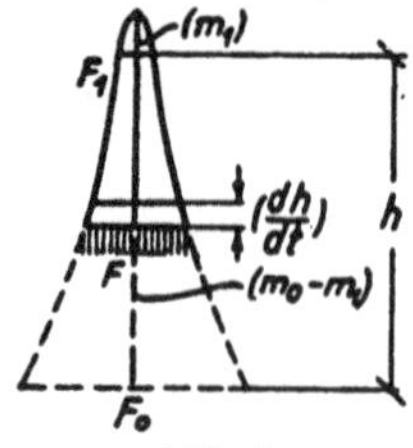

Abb. 3.

Die von dem jeweils untersten Turmquerschnitt F sekundlich auszustrahlende Masse ist nach Gleichung (1c) und Abb. 3:

$$\frac{dm}{dt} = am = F \cdot \frac{dh}{dt} \cdot \frac{\gamma'}{g_0},$$

wenn g_0 die Schwerbeschleunigung und γ' das spezifische Gewicht des Turmmateriales, bezogen auf die Erdoberfläche, bezeichnet; folglich

$$\frac{dh}{dt} = \frac{am}{F} \cdot \frac{g_0}{\gamma'},$$

oder, da

$$\frac{m}{F} = \frac{m_1}{F_1} = \frac{m_0}{F_0}: \qquad (12)$$

$$dh = \frac{am_1}{F_1} \cdot \frac{g_0}{\gamma'} \cdot dt,$$

und

$$h = \frac{am_1}{F_1} \cdot \frac{g_0}{\gamma'} \cdot \int_0^{t_1} dt = \frac{am_1}{F_1} \cdot \frac{g_0}{\gamma'} \cdot t_1,$$

oder wenn mit $G_1 = m_1 \cdot g_0$ das auf die Erdoberfläche bezogene Gewicht der bleibenden Fahrzeugmasse m_1 bezeichnet wird:

$$h = \frac{at_1}{\gamma'} \cdot \frac{G_1}{F_1} \qquad (12a)$$

Ferner ist nach Gleichung (12):

$$F_0 = \frac{m_0}{m_1} \cdot F_1.$$

Soll z. B. das emporzuhebende Gewicht $G_1 = 2t$ und das spezifische Gewicht des Antriebsmateriales $\gamma' = 1{,}5 t/\text{m}^3$ sein, so ergeben sich für den angenommenen Fall ($ca = 30$ m/sec²; $c = 2000$ m/sec; $a = \frac{0{,}015}{\text{sec}}$; $t_1 = 448$ sec; $\frac{m_0}{m_1} = 825$) die Beziehungen:

$$h = \frac{0{,}015 \cdot 448}{1{,}5} \cdot \frac{2{,}0}{F_1} = \frac{8{,}96}{F_1};$$

$$F_0 = 825 \cdot F_1;$$

und bei Annahme eines oberen Turmquerschnittes von $F_1 = 0{,}332$ m², entsprechend einem Kreise von 0,65 m Durchmesser:

$$F_0 = 825 \cdot 0{,}332 = 273 \text{ m}^2, \text{ entsprechend } 18{,}7 \text{ m } \Phi,$$

$$h = \frac{8{,}96}{0{,}332} = 27 \text{ m (vgl. Abb. 4)}.$$

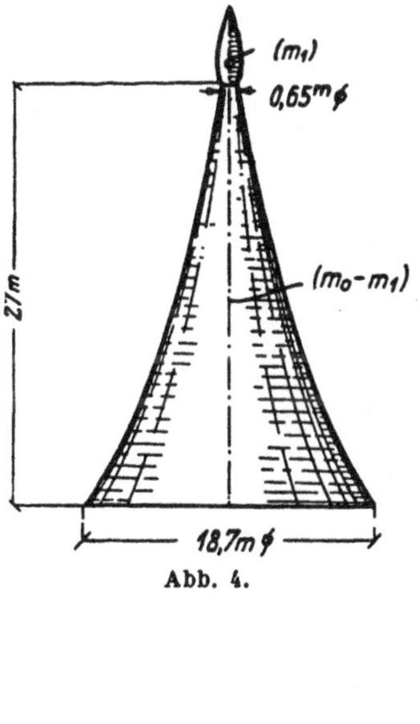

Abb. 4.

Die Materialbeanspruchung ist dabei unter Berücksichtigung der Eigenbeschleunigung von $ca = 30\ \mathrm{m/sec^2}$ an Stelle der sonst üblichen Schwerbeschleunigung von $g_0 = 9{,}8\ \mathrm{m/sec^2}$:

$$\sigma = \frac{ca}{g_0} \cdot \frac{G_1}{F_1} = \frac{30}{9{,}8} \cdot \frac{2\,\mathrm{t}}{0{,}332\,\mathrm{m^2}} = 18{,}5\ \mathrm{t/m^2} = 1{,}85\ \mathrm{kg/cm^2}.$$

Ob die Herstellung eines solchen Materiales, welches bei der nötigen Festigkeit auch die zur Erzeugung der Ausstrahlungsgeschwindigkeit c erforderliche Verbrennungsenergie besitzen müßte, gelingen wird, ist eine Frage der Sprengstofftechnik.

Bei den bisherigen Untersuchungen war keine Rede vom Luftwiderstand. Wenn auch die angenommene Form des Fahrzeuges (s. Abb. 4) für die Überwindung des Luftwiderstandes günstig ist und die größeren Geschwindigkeiten erst in Höhen erreicht werden, wo gar keine oder nur noch eine sehr dünne Atmosphäre vorhanden ist, so muß doch der Einfluß der unteren, dichteren Luftschichten wenigstens näherungsweise berücksichtigt werden.

Nach v. Lößl ist der Widerstand W einer Luftmasse vom spezifischen Gewichte γ gegen einen mit der Geschwindigkeit v senkrecht zu seiner Querschnittsfläche F bewegten Körper:

$$W = \frac{\gamma v^2}{g} \cdot F \cdot \psi \quad \text{(s. Gl. (14) im II. Abschnitt),}$$

wo g die Schwerbeschleunigung und ψ einen von der Form des Körpers abhängigen Beiwert bedeutet (für senkrecht getroffene Ebene $\psi = 1$). Die dadurch hervorgerufene Verzögerung beträgt also

$$\Delta\beta = \frac{W}{m} = \frac{\gamma v^2}{g} \cdot \frac{F}{m} \cdot \psi.$$

Im vorliegenden Fall ist nach Gleichung (12)

$$\frac{F}{m} = \text{unveränderlich} = \frac{F_1}{m_1} = \frac{0{,}332}{2000/10} = \frac{1}{600}\ \frac{\mathrm{m^3}}{\mathrm{kg/sec^2}};$$

ferner kann annähernd wie für einen Kegel nach Abb. 5 gesetzt werden

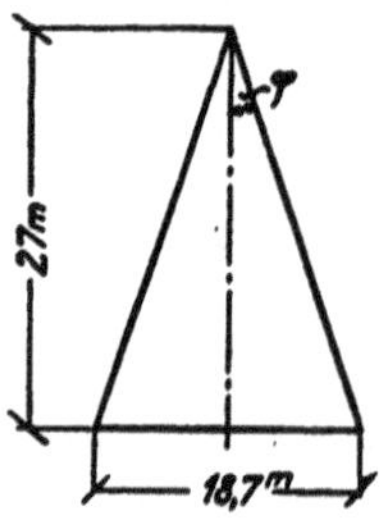

Abb. 5.

$$\psi = \sin^2\varphi = \sim \left(\frac{18{,}7}{2 \cdot 27}\right)^2 = 0{,}12,$$

so daß

$$\Delta\beta = \frac{\gamma v^2}{g} \cdot \frac{0{,}12}{600} = \frac{\gamma v^2}{g} \cdot \frac{1}{5000} \quad \ldots \quad (13)$$

Innerhalb des betrachteten Bereiches ist in diesem Falle genau genug

$$g = \sim 10\ \mathrm{m/sec^2}$$

und nach Gleichung (4):

$$v^2 = 2\,(r - r_0)\left(ca - g_0\,\frac{r_0}{r}\right).$$

Die Werte für γ können aus der im II. Abschnitt angegebenen Tabelle III (S. 16) entnommen werden. Hiernach sind in der folgenden Zusammenstellung II für verschiedene Abstände r die Werte $\frac{\gamma v^2}{g}$ in kg/m² ermittelt.

Tabelle II.

r km	$(r - r_0)$ km	$\left(ca - g_0 \frac{r_0}{r}\right)$ km/sec²	v^2 km²/sec²	γ (nach Tab. III) kg/m³	$\frac{\gamma v^2}{g}$ kg/m²
6380	0	0,02020	0,00	1,30	0
6381	1	0,02020	0,04	1,15	4 600
6382	2	0,02020	0,08	1,00	8 000
6383	3	0,02020	0,122	0,90	11 000
6384	4	0,02020	0,162	0,80	13 000
6385	5	0,02020	0,202	0,70	14 200
6386	6	0,02020	0,243	0,62	15 100
6388	8	0,02021	0,323	0,48	15 500
6390	10	0,02021	0,404	0,375	15 200
6395	15	0,02022	0,606	0,215	13 000
6400	20	0,02023	0,810	0,105	8 500
6410	30	0,02024	1,214	0,0283	3 440
6420	40	0,02026	1,620	0,0074	1 200
6430	50	0,02027	2,028	0,00187	370
6440	60	0,02028	2,434	0,00045	110
6460	80	0,02032	3,250	0,000023	7,5
6480	100	0,02035	4,070	0,000001	0,4

In größeren Höhen als 50 km über der Erdoberfläche ist danach der Luftwiderstand bei den bis dahin erreichten Geschwindigkeiten nach Gleichung (13) nicht mehr nennenswert. Um ungünstig zu rechnen, soll dagegen zwischen 0 und 50 km Höhe ein durchschnittlicher Wert von

$$\frac{\gamma v^2}{g} = 12000 \text{ kg/m}^2$$

angenommen werden, so daß die durchschnittliche Verzögerung nach Gleichung (13)

$$\Delta\beta = \frac{12000}{5000} = 2{,}4 \text{ m/sec}^2$$

ist und innerhalb der untersten 50 km an Stelle von $ca = 30$ m/sec² nur eine wirksame Eigenbeschleunigung von

$$ca - \Delta\beta = 30 - 2{,}4 = 27{,}6 \text{ m/sec}^2$$

verbleibt.

In $r = 6430$ km oder $r - r_0 = 50$ km Höhe ist demnach mit Rücksicht auf Gleichung (4):

$$\frac{v^2}{2} = 50\left(0{,}0276 - 0{,}0098\,\frac{6380}{6430}\right) = 0{,}895\ \text{km}^2/\text{sec}^2$$

statt

$$50\left(0{,}03 - 0{,}0098 \cdot \frac{6380}{6430}\right) = 1{,}014\ \text{km}^2/\text{sec}^2$$

oder

$$v = \sqrt{2 \cdot 0{,}895} = 1{,}340\ \text{km/sec}$$

statt

$$\sqrt{2 \cdot 1{,}014} = 1{,}425\ \text{km/sec}$$

und die bis dahin verstrichene Fahrzeit

$$t' = \frac{1340}{27{,}6 - \frac{9{,}8}{3}\left(2 + \frac{6380^2}{6439^2}\right)} = 75\ \text{sec}$$

statt

$$\frac{1425}{30 - \frac{9{,}8}{3}\left(2 + \frac{6380^2}{6430^2}\right)} = 70{,}3\ \text{»}$$

der Zeitunterschied also $\Delta t = 4{,}7$ sec.

Da ferner die Endgeschwindigkeit sich um

$$\Delta v' = 1{,}425 - 1{,}340 = 0{,}085\ \text{km/sec}$$

zu gering ergibt, so muß die Eigenbeschleunigung schließlich noch um ungefähr

$$\Delta t' = \frac{\Delta v'}{\beta'} = \frac{85}{30 - 9{,}8 \cdot \frac{6380^2}{6490^2}} = 3{,}5\ \text{sec}$$

länger wirken. Somit ist die ganze Betriebsdauer statt des Tabellenwertes von $t_1 = 448$ sec:

$$t_1' = 448 + 4{,}7 + 3{,}5 = 456\ \text{sec};$$

folglich

$$a t_1' = 0{,}015 \cdot 456 = 6{,}84$$

und das Verhältnis

$$\frac{m_0}{m_1} = e^{a t_1'} = 933 \text{ statt } 825.$$

Etwas günstiger wird das Ergebnis, wenn innerhalb der untersten 50 km die Eigenbeschleunigung einfach um $\Delta \beta = 2{,}4$ m/sec² vergrößert wird. Dann bleibt die Gesamtbetriebsdauer die gleiche wie ohne Luftwiderstand, also 448 sec, von denen die ersten 70,3 sec auf $ac = 32{,}4\,\mathrm{m/sec^2}$ mit $a = \frac{32{,}4}{2000} = 0{,}0162$, die restlichen 377,7 sec auf $ac = 30\,\mathrm{m/sec^2}$ mit $a = 0{,}015$ entfallen, so daß

$$\frac{m^0}{m_1} = e^{\Sigma a t} = e^{0{,}0162 \cdot 70{,}3 + 0{,}015 \cdot 377{,}7} = 898.$$

Die nachstehende Zusammenstellung zeigt den ähnlich ermittelten Einfluß des Luftwiderstandes noch bei einigen anderen Werten von ac und c:

m/sec	$ac = 30\,\mathrm{m/sec^2}$ ($t_1' = 456$ statt 448 sec)	$ac = 100\,\mathrm{m/sec^2}$ ($t_1' = 123$ statt 117 sec)	$ac = 200\,\mathrm{m^2sec}$ ($t_1' = 64$ statt 57 sec)
$c = 2000$	**933** statt 825	**468** statt 342	**602** statt 299
$c = 2500$	**235** » 216	**188** » 108	**166** » 95,5
$c = 3000$	**95** » 88	**60** » 49	**71** » 44,7
$c = 4000$	**30** » 28,7	**22** » 18,7	**25** » 17,2
$c = 5000$	**15** » 14,6	**12** » 10,4	**13** » 9,8

$$\frac{m_0}{m_1} = e^{\frac{ac}{c} t_1'}$$

Danach wächst die Wirkung des Luftwiderstandes stark mit zunehmender Eigenbeschleunigung ac, so daß schließlich zu hohe Werte ac infolge vorzeitiger Erreichung zu großer Geschwindigkeiten ungünstiger werden können als weniger hohe Werte ac.

Der im vorstehenden benützte Grundgedanke, einem Körper durch andauernde Abstoßung von Teilen seiner Masse eine der Schwerkraft entgegenwirkende Eigenbeschleunigung zu erteilen, ist an sich nicht neu. Er findet sich unbewußt schon in Jule Vernes »Reise um den Mond« angedeutet in der Erwähnung von mitgeführten Raketen zum Zwecke der Geschwindigkeitsverminderung und ist bewußt verwendet in Kurd Laßwitz' »Auf zwei Planeten«, hier allerdings unter der sehr günstigen Voraussetzung, daß die Ausstrahlung mit Lichtgeschwindigkeit erfolge, so daß keine merkliche Abnahme der Fahrzeugmasse stattfinden würde.

Die neueren Arbeiten von Goddard, Oberth und Valier sind im Vorwort bereits erwähnt. Auch der als Vorkämpfer der Luftschiffahrt bekannte Hermann Ganswindt hat schon um 1890 in öffentlichen Vorträgen auf die Idee des Raketenfahrzeuges hingewiesen; um dieselbe Zeit auch der Russe Cielkowsky. Schließlich hat sogar schon Newton in einer Vorlesung über das Rückstoßprinzip die Möglichkeit erwähnt, auf diese Weise im luftleeren Raume fliegen zu können.

II.

Rückkehr zur Erde.

Um ein aus sehr großer Entfernung gegen das Anziehungszentrum fallendes Fahrzeug der im vorigen Abschnitte beschriebenen Art (vgl. Abb. 4) innerhalb der Abstände r_1 und r_0 (s. Abb. 2) von der Geschwindigkeit v_1 bis zur Endgeschwindigkeit Null zu bremsen, ist die gleiche Betriebsdauer t_1 wie in Gleichung (10) nötig, während welcher jetzt die Massenteile $\frac{dm}{dt}$ in der Bewegungsrichtung selbst ausgestrahlt werden müßten.

Bei Ausfahrt und Wiederlandung auf der Erde würde sich auf diese Weise die ganze aus Antriebszeit + Bremszeit bestehende Betriebsdauer verdoppeln und infolgedessen das Verhältnis zwischen Anfangs- und Endmasse jetzt $\frac{m_0'}{m_1} = e^{a t_1 \cdot 2}$ sein, also nicht etwa das Doppelte, sondern die zweite Potenz der in Tabelle I angegebenen Werte $\frac{m_0}{m_1}$ darstellen; z. B. für $ca = 30\,\text{m/sec}^2$ und $c = 2000\,\text{m/sec}$:

$$\frac{m_0'}{m_1} = 825^2 = 680625.$$

Durch diese Art der Bremsung würden die Verhältnisse — wenigstens bei den vorläufig überhaupt in Betracht kommenden Ausstrahlungsgeschwindigkeiten c — also äußerst ungünstig werden. Darum muß eine andere Art der Landung versucht werden, und zwar mit Hilfe der bremsenden Wirkung der irdischen Lufthülle.

Nach v. Lößl ist der Luftwiderstand gegen einen in die Atmosphäre eindringenden Körper

$$W = w \cdot F\psi = \gamma \cdot \frac{v^2}{g} \cdot F\psi, \quad \quad (14)$$

worin v = augenblickliche Geschwindigkeit des Körpers,
g = Schwerbeschleunigung,
γ = spezifisches Gewicht der Luft,
w = Druck auf die Flächeneinheit senkrecht zur Bewegungsrichtung,

F = Querschnittsfläche des Körpers senkrecht zur Bewegungsrichtung,

ψ = von der Oberflächenform des Körpers abhängiger Beiwert, z. B. für ebene Fläche $\psi = 1$, für konvexe Halbkugel $\psi = 0{,}5$.

Wird angenommen, der Atmosphärendruck habe an der Erdoberfläche den Wert p_0, in der Höhe h aber den Wert Null und folge dazwischen nach Abb. 6 dem Gesetze

$$p = p_0 \left(\frac{y}{h}\right)^n \quad \ldots \ldots \ldots \ldots \quad (15)$$

so ist die Druckzunahme mit der Höhe dy

$$\frac{dp}{dy} = \frac{n p_0}{h^n} y^{n-1};$$

anderseits muß aber auch sein

$$dp = \gamma dy \quad \text{oder} \quad \frac{dp}{dy} = \gamma,$$

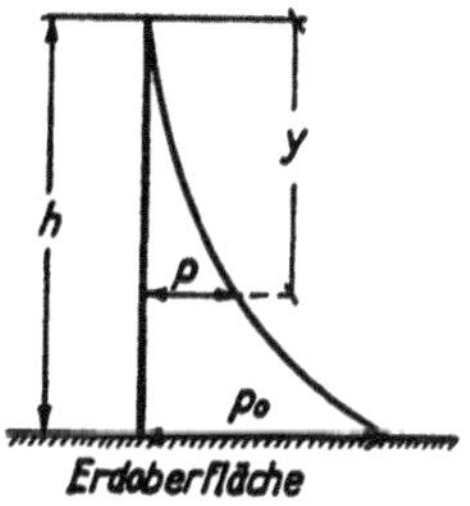

Abb. 6.

so daß

$$\gamma = \frac{n p_0}{h^n} y^{n-1}. \quad \ldots \ldots \ldots \ldots \quad (16)$$

Da an der Erdoberfläche $y = h$ und $p = p_0$ ist, so ergibt sich

$$\gamma_0 = \frac{n p_0}{h},$$

also

$$n = \frac{\gamma_0}{p_0} \cdot h \quad \ldots \ldots \ldots \ldots \quad (17)$$

und nach Gleichung (16):

$$\gamma = \frac{\gamma_0}{p^0} \cdot h \cdot \frac{p_0}{h^n} \cdot y^{n-1} = \gamma_0 \left(\frac{y}{h}\right)^{n-1} \quad \ldots \ldots \quad (16\text{a})$$

Erfahrungsgemäß ist

$$\gamma_0 = 1{,}293 \text{ kg/m}^3$$

$$p_0 = 0{,}76 \text{ m} \cdot 13600 \text{ kg/m}^3 = 10330 \text{ kg/m}^2$$

(Gewicht der Quecksilbersäule)

$$\frac{\gamma_0}{p_0} = \frac{1{,}293 \text{ kg/m}^3}{10330 \text{ kg/m}^2} = \frac{1}{8000 \text{ m}} = \frac{1}{8 \text{ km}} \quad \ldots \ldots \quad (17\text{a})$$

Nach Beobachtungsergebnissen mit Registrierballons ist ferner in der Höhe $h - y = 10$ km der Atmosphärendruck ungefähr 210 mm Quecksilbersäule, also

$$\frac{p}{p_0} = \frac{210}{760} = \sim \frac{1}{3{,}6},$$

was sich auch aus Gleichung (15) ziemlich unabhängig von der gesamten Atmosphärenhöhe h ergibt, solange sie zwischen 100 km und 1000 km angenommen wird. Aus Beobachtungen an Meteorfällen sowie aus theoretischen Erwägungen kann auf eine Atmosphärenhöhe von mindestens $h = 400$ km geschlossen werden (vgl. Trabert, »Lehrbuch der kosmischen Physik«, S. 304). Mit diesem Werte soll im folgenden gerechnet werden; dann ist nach Gleichung (17) und (17a)

$$n = \frac{400}{8} = 50; \quad n - 1 = 49;$$

und der zu jedem Abstande $h - y$ gehörige Wert γ ergibt sich aus nachstehender Tabelle III.

Tabelle III.

$h-y$ km	y km	$\gamma = 1{,}293 \left(\frac{y}{h}\right)^{49}$ kg/m³	$h-y$ km	y km	$\gamma = 1{,}293 \left(\frac{y}{h}\right)^{49}$ kg/m³
0	400	1,3	55	345	0,000 915
1	399	1,15	60	340	0,000 448
2	398	1,00	65	335	0,000 217
3	397	0,90	70	330	0,000 102 5
4	396	0,80	75	325	0,000 049 7
5	395	0.70	80	320	0,000 023 0
10	390	0,375	85	315	0,000 010 6
15	385	0,215	90	310	0,000 004 9
20	380	0,105	95	305	0,000 002 2
25	375	0,055	100	300	0,000 000 98
30	370	0,028 3	105	295	0,000 000 423
35	365	0,014 64	110	290	0,000 000 185
40	360	0,007 4	150	250	0,000 000 000 13
45	355	0,003 76	200	200	0,000 000 000 000 002 3
50	350	0,001 87	400	0	0,000 000 000 000 000 000

In der Entfernung 400 km von der Erdoberfläche oder $r = 6780$ km vom Erdmittelpunkte hat ein aus dem Weltraum kommender, nur von der irdischen Schwerkraft angezogener Körper (entsprechend der Gleichung (6)) eine Geschwindigkeit

$$v = \sqrt{2\, g_0 \frac{r_0^2}{r}} = \sqrt{2 \cdot 0{,}0098 \cdot \frac{6380^2}{6780}} = 10{,}9 \text{ km/sec.}$$

Es ist klar, daß bei radialem Einfall diese Geschwindigkeit auf der kurzen Luftstrecke von 400 km ohne Schaden für das Fahrzeug und seine Insassen nicht bis Null gebremst werden kann. Bei tangentialem Einfall in die Lufthülle dagegen läßt sich die Bremsstrecke beliebig verlängern.

Ein aus sehr großer Entfernung nur von der Erde angezogener Körper bewegt sich, sofern er nicht radial gegen die Erde fällt, in einer annähernd parabolischen Bahn um den Erdmittelpunkt als Brennpunkt und zwar im jeweiligen Abstande r mit der Bahngeschwindigkeit

$$v = \sqrt{2 g_0 \frac{r_0^2}{r}}$$

(mit den Bezeichnungen der Abb. 2), also beim Vorübergang unmittelbar über der Erdoberfläche mit einer tangentialen Geschwindigkeit

$$v_{max} = \sqrt{2 g_0 r_0} = \sqrt{2 \cdot 0{,}0098 \cdot 6380} = 11{,}2 \text{ km/sec},$$

an der Grenze der Lufthülle mit einer tangentialen Geschwindigkeit

$$v = \sqrt{2 \cdot 0{,}0098 \cdot \frac{6380^2}{6780}} = 10{,}9 \text{ km/sec},$$

innerhalb der Lufthülle also mit einer mittleren Eintrittsgeschwindigkeit von etwa

$$v' = 11{,}1 \text{ km/sec}.$$

Um festzustellen, innerhalb welcher Luftschichten eine brauchbare Bremswirkung überhaupt möglich ist, sind in Tabelle IV die durch eine Eintrittsgeschwindigkeit von 11,1 km/sec in verschiedenen Lufthöhen hervorgerufenen Luftwiderstände $w = \frac{\gamma v^2}{g}$ auf die senkrecht getroffene ebene Flächeneinheit in kg/m² ermittelt.

Tabelle IV.

$h - y$ km	y km	r km	$g = g_0 \frac{r_0^2}{r^2}$ m/sec²	$\gamma = \gamma_0 \left(\frac{y}{h}\right)^{49}$ kg/m³	$w = \gamma \cdot \frac{v'^2}{g}$ kg/m²
400	0	6780	8,69	0,000 000 000 000 000 000	0,000 000 000
200	200	6580	9,21	0,000 000 000 000 002 3	0,000 000 03
150	250	6530	9,36	0,000 000 000 13	0,001 7
110	290	6490	9,48	0,000 000 185	2,4
105	295	6485	9,50	0,000 000 423	5,5
100	300	6480	9,51	0,000 000 98	12,7
95	305	6475	9,53	0,000 002 2	28,5
90	310	6470	9,54	0,000 004 9	63,4
85	315	6465	9,56	0,000 010 6	137
80	320	6460	9,57	0,000 023 0	297
75	325	6455	9,59	0,000 049 7	640
70	330	6450	9,60	0,000 102 5	1 320
65	335	6445	9,62	0,000 217	2 780
60	340	6440	9,63	0,000 448	5 720
55	345	6435	9,65	0,000 915	11 800
50	350	6430	9,66	0,001 870	23 900

Luftschichten in mehr als 100 km Höhe kommen danach für die Bremswirkung bei der fraglichen Bahngeschwindigkeit überhaupt nicht in Betracht. Anderseits wird man das Fahrzeug, das jetzt — im Gegensatz zu der gegen Schluß des vorigen Abschnittes untersuchten Durchdringung der Lufthülle bei der Ausfahrt — nur seine geringe Endmasse m_1 und absichtlich eine nicht für die Verminderung, sondern gerade für die Ausnützung des Luftwiderstandes günstige Form besitzt, keinen zu hohen Flächenwiderständen $w = \frac{\gamma v^2}{g}$ aussetzen; vielmehr werden mit Rücksicht auf eine gewisse Manövrierfähigkeit die Verhältnisse ungefähr so zu wählen sein wie bei einem Flugzeug, das in den untersten Luftschichten bei $g = 9{,}8$ m/sec² und $\gamma = 1{,}3$ kg/m³ mit einer Geschwindigkeit von annähernd 50 m/sec fährt, so daß

$$w = \frac{\gamma v^2}{g} = \frac{1{,}3 \cdot 50^2}{9{,}8} = 330 \text{ kg/m}^2$$

ist. Diesem Mittelwerte entspricht in Tabelle IV eine Höhenlage zwischen 75 und 100 km über der Erdoberfläche.

Der Einfall in die irdische Lufthülle ist demnach so einzurichten, daß der Scheitelpunkt der Parabelbahn in einer Höhe von 75 km über der Erdoberfläche oder im Abstande

$$r_a = 6380 + 75 = 6455 \text{ km}$$

vom Erdmittelpunkt als Brennpunkt liegt.

Die Länge der zwischen den Höhen 75 km und 100 km verlaufenden Bremsstrecke ergibt sich dann nach Abb. 7 wie folgt:

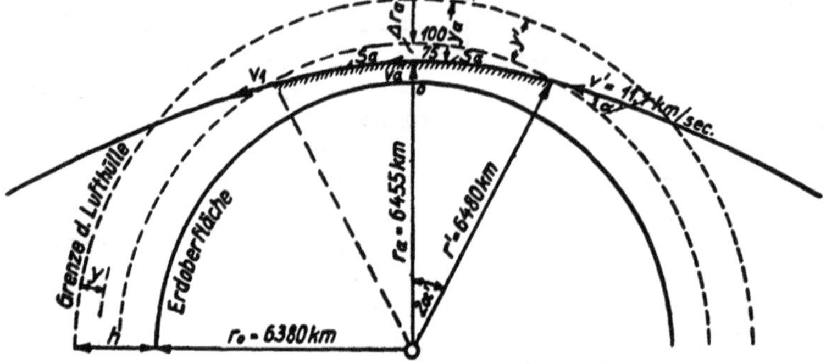

Abb. 7.

Nach der Parabelgleichung ist allgemein

$$\frac{r_a}{r'} = \cos^2 \alpha',$$

also

$$\cos\alpha' = \sqrt{\frac{r_a}{r'}} = \sqrt{\frac{6455}{6480}} = 0{,}998075;$$

$$\alpha' = 3^0\,34';$$

$$2\,\alpha' = 7^0\,8';$$

ferner ist mit genügender Annäherung:

$$s_a = r' \sin 2\,\alpha' = 6480 \cdot 0{,}12428 = 805 \text{ km};$$

d. h. die zwischen den Höhen 75 km und 100 km verlaufende Bremsstrecke hat eine Länge von

$$2\,s_a = 1610 \text{ km},$$

wenn in erster Annäherung von der Bahnänderung infolge der Verzögerung abgesehen werden darf. (Ihr Einfluß soll am Schlusse dieses Abschnittes noch besonders untersucht werden.)

Innerhalb der Strecke s_a hat die Verzögerung β der Fahrzeugmasse m_1 durch den Luftwiderstand W den veränderlichen Wert

$$\beta = \frac{W}{m_1}$$

oder (nach Gleichung (14) und Gleichung (16a) mit $g = \sim g_0$)

$$\frac{dv}{dt} = -\frac{\gamma_0 F \psi}{g_0 m_1} \cdot v^2 \cdot \left(\frac{y}{h}\right)^{49};$$

ferner ist

$$\frac{ds}{dt} = v$$

und angenähert

$$\frac{ds}{dy} = \frac{s_a}{\varDelta r_a} = \frac{s_a}{r' - r_a};$$

folglich

$$\frac{dv}{dy} = \frac{dv}{dt} \cdot \frac{dt}{ds} \cdot \frac{ds}{dy} = -\frac{\gamma_0 F \psi}{g_0 m_1} \cdot \frac{s_a}{\varDelta r_a} \cdot v \left(\frac{y}{h}\right)^{49};$$

oder

$$\frac{dv}{v} = -\frac{\gamma_0 F \psi}{g_0 m_1} \cdot \frac{s_a}{\varDelta r_a} \cdot \left(\frac{y}{h}\right)^{49} \cdot dy;$$

$$\ln v = -\frac{\gamma_0 F \psi}{50\, g_0 m_1} \cdot \frac{s_a}{\varDelta r_a} \cdot \frac{y^{50}}{h^{49}} + C;$$

beim Eintritt in die Bremsstrecke, also für $y = y'$ ist

$$\ln v' = -\frac{\gamma_0 F \psi}{50\, g_0 m_1} \cdot \frac{s_a}{\varDelta r_a} \cdot \frac{y'^{50}}{h^{49}} + C;$$

in der Mitte der Bremsstrecke, also für $y = y_a$ ist

$$\ln v_a = -\frac{\gamma_0 F \psi}{50\, g_0 m_1} \cdot \frac{s_a}{\Delta r_a} \cdot \frac{y_a^{50}}{h^{49}} + C;$$

folglich nach Durchlaufen der ersten Hälfte s_a der Bremsstrecke:

$$\ln v' - \ln v_a = \ln \frac{v'}{v_a} = \frac{\gamma_0 F \psi}{50\, g_0 m_1} \cdot \frac{s_a}{\Delta r_a} \cdot h \left[\left(\frac{y_a}{h} \right)^{50} - \left(\frac{y'}{h} \right)^{50} \right] \qquad (18)$$

Werden die Werte eingesetzt:

$$\gamma_0 = 1{,}3\ \mathrm{kg/m^3}; \quad \Delta r_a = r' - r_a = 100 - 75 = 25\ \mathrm{km};$$

$$s_a = 805\ \mathrm{km}; \quad \frac{s_a}{\Delta r_a} = \frac{805}{25} = 32{,}2;$$

$$h = 400\ \mathrm{km} = 400000\ \mathrm{m}; \quad y_a = 325\ \mathrm{km}; \quad y' = 300\ \mathrm{km};$$

wird ferner wie früher $g_0 m_1$ = Fahrzeuggewicht G_1, bezogen auf die Erdoberfläche, = 2000 kg gewählt und $F\psi = 6{,}1\ \mathrm{m^2}$, entsprechend etwa einem senkrecht zur Fahrtrichtung gespannten Fallschirm von 2,8 m Durchmesser, so daß der Größtwert der Verzögerung in 75 km Höhe

$$\beta_{\max} = \frac{w}{m_1} \cdot F\psi = \frac{640}{200} \cdot 6{,}1 = 19{,}5\ \mathrm{m/sec^2},$$

so ergibt sich die Geschwindigkeit v_a im Parabelscheitel aus

$$\ln \frac{v'}{v_a} = \frac{1{,}3 \cdot 6{,}1}{50 \cdot 2000} \cdot 32{,}2 \cdot 400000 \left[\left(\frac{325}{400} \right)^{50} - \left(\frac{300}{400} \right)^{50} \right] = 0{,}031,$$

oder

$$\frac{v'}{v_a} = e^{0{,}031} = 1{,}032,$$

also

$$v_a = \frac{v'}{1{,}032}.$$

Ähnlich ergibt sich nach Durchlaufen der zweiten Hälfte s_a der Bremsstrecke die Austrittsgeschwindigkeit

$$v_1 = \frac{v_a}{1{,}032} = \frac{v'}{1{,}032^2} = \frac{11{,}1}{1{,}032^2} = 10{,}4\ \mathrm{km/sec}.$$

Die Folge der Geschwindigkeitsverminderung ist eine Bahnänderung, und zwar tritt an die Stelle der bisherigen Parabel eine Ellipse, nach deren vollständigem Durchlaufen das Fahrzeug wieder an die gleichgelegene Bremsstrecke zurückkehrt, diesmal mit einer Eintrittsgeschwindigkeit $= v_1 = 10{,}4$ km/sec. Da innerhalb des kurzen Bereiches der Bremsstrecke sich der Ellipsenbogen wenig vom Parabelbogen unterscheiden wird, kann als wirksame Bremslänge wieder die Strecke

$2s_a = 2 \cdot 805 = 1610$ km angenommen werden. Nach nochmaligem Durchfahren dieser Strecke ist die neue Austrittsgeschwindigkeit

$$v_2 = \frac{v_1}{1{,}032^2} = \frac{v'}{1{,}032^4} = \frac{11{,}1}{1{,}032^4} = 9{,}8 \text{ km/sec.}$$

Als Folge dieser weiteren Geschwindigkeitsverminderung tritt an die Stelle der vorhergegangenen Ellipsenbahn eine kleinere, nach deren Durchlaufen eine weitere Bremsung der neuen Eintrittsgeschwindigkeit $v_2 = 9{,}8$ km/sec erfolgt. Wird wieder die gleiche Bremslänge $2s_a = 1610$ km angenommen — in Wirklichkeit wird sie jedesmal etwas größer, die Bremswirkung also stärker —, so wird

$$v_3 = \frac{11{,}1}{1{,}032^6} = 9{,}2 \text{ km/sec,}$$

und so fort:

$$v_4 = \frac{11{,}1}{1{,}032^8} = 8{,}6 \quad \text{»}$$

$$v_5 = \frac{1{,}11}{1{,}032^{10}} = 8{,}1 \quad \text{»}$$

bis schließlich nach nochmaligem Durchfahren der halben Bremsstrecke s_a eine Scheitelgeschwindigkeit

$$v_a = \frac{v_5}{1{,}032} = \frac{11{,}1}{1{,}032^{11}} = 7{,}85 \text{ km/sec}$$

erreicht wird. Das ist aber zugleich diejenige Geschwindigkeit

$$\sqrt{g_a r_a} = \sqrt{g_0 \frac{r_0^2}{r_a^2} \cdot r_a} = \sqrt{g_0 \frac{r_0^2}{r_a}} = \sqrt{0{,}0098 \cdot \frac{6380^2}{6455}} = 7{,}85 \text{ km/sec,}$$

bei welcher ein Körper im Abstande $r_a = 6455$ km vom Erdmittelpunkte oder in einer Höhe von 75 km über der Erdoberfläche ohne Berücksichtigung des Luftwiderstandes eine Kreisbahn um die Erde beschreiben würde, bei welcher das Fahrzeug also dauernd im Bereiche der irdischen Atmosphäre bleibt, so daß die weitere Fahrt in Form eines Gleitfluges erfolgen kann.

Um die zum Durchlaufen der verschiedenen Bremsellipsen erforderliche Zeit ermitteln zu können, sind zunächst die Abmessungen der einzelnen Ellipsen zu bestimmen (vgl. Abb. 9).

Ein im Abstande r vom Erdmittelpunkte E befindlicher Körper von der Masse m erfährt eine Anziehungskraft

$$P = -\frac{\mu \cdot m}{r^2}.$$

An der Erdoberfläche mit $r = r_0$ wird die Anziehungskraft $P =$ dem Gewichte mg_0 des Körpers, also

$$mg_0 = \frac{\mu \cdot m}{r_0^2},$$

so daß

$$\mu = g_0 r_0^2 = 0{,}0098 \cdot 6380^2 = 400000 \text{ km}^3/\text{sec}^2.$$

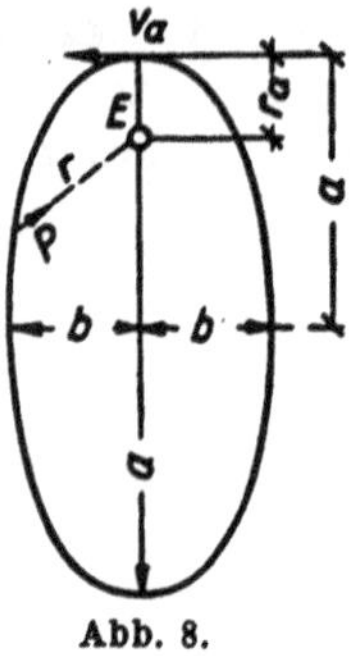

Abb. 8.

Hat der Körper nach Abb. 8 in seinem kleinsten (oder größten) Abstande r_a vom Erdmittelpunkte eine Bahngeschwindigkeit $v_a \perp r_a$, so beschreibt er eine Ellipse mit den Halbachsen

$$a = \frac{\mu}{\frac{2\mu}{r_a} - v_a^2} \quad \text{und} \quad b = \frac{v_a \cdot r_a}{\sqrt{\frac{2\mu}{r_a} - v_a^2}}.$$

(Ableitung s. am Schluß des III. Abschnittes.)

Werden die jeweiligen Austrittsgeschwindigkeiten aus der Bremsstrecke, v_1, v_2 usw., mit geringem Fehler nach der Scheitelstelle mit $r_a = 6455$ km zurückverlegt, so ergibt sich in runden Zahlen mit $\frac{2\mu}{r_a} = \frac{800000}{6455} = 124$:

für $v_1 = 10{,}4$ km/sec:

$$a_1 = \frac{400000}{124 - 10{,}4^2} = 25000 \text{ km},$$

$$b_1 = \frac{10{,}4 \cdot 6455}{\sqrt{124 - 10{,}4^2}} = 16800 \text{ » };$$

für $v_2 = 9{,}8$ km/sec:

$$a_2 = \frac{400000}{124 - 9{,}8^2} = 14300 \text{ km},$$

$$b_2 = \frac{9{,}8 \cdot 6455}{\sqrt{124 - 9{,}8^2}} = 11950 \text{ » };$$

für $v_3 = 9{,}2$ km/sec:

$$a_3 = \frac{400000}{124 - 9{,}2^2} = 10250 \text{ km},$$

$$b_3 = \frac{9{,}2 \cdot 6455}{\sqrt{124 - 9{,}2^2}} = 9500 \text{ » };$$

für $v_4 = 8{,}6$ km/sec:

$$a_4 = \frac{400000}{124 - 8{,}6^2} = 8000 \text{ km},$$

$$b_4 = \frac{8{,}6 \cdot 6455}{\sqrt{124 - 8{,}6^2}} = 7850 \text{ » };$$

für $v_5 = 8{,}1$ km/sec:

$$a_5 = \frac{400\,000}{124 - 8{,}1^2} = 6900 \text{ km},$$

$$b_5 = \frac{8{,}1 \cdot 6455}{\sqrt{124 - 8{,}1^2}} = 6860 \text{ » }.$$

Die Zeit zum Durchlaufen der jeweiligen Ellipse ergibt sich aus dem Flächensatze (s. Gleichung (39) am Schlusse des III. Abschnittes):

$$\frac{dF}{dt} = \text{konstant} = \frac{v_a \cdot r_a}{2};$$

$$dF = \frac{v_a r_a}{2} \cdot dt;$$

$$F = \frac{v_a r_a}{2} \cdot t = a\,b\,\pi;$$

also

$$t = \frac{2\,a\,b\,\pi}{v_a \cdot r_a} \quad \text{(18a)}$$

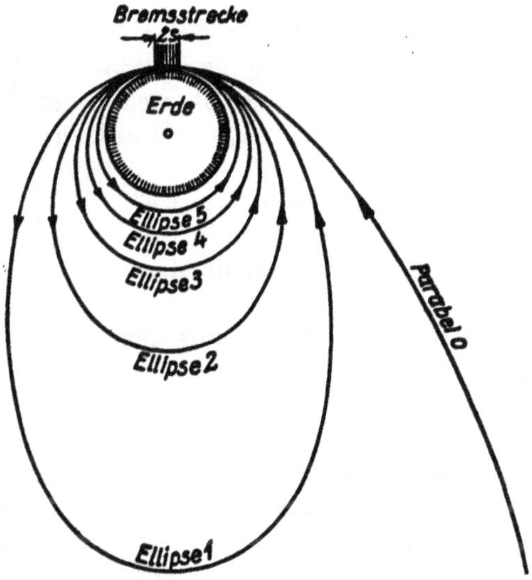

Abb. 9.

Demnach setzt sich die zum Durchfahren der fünf Bremsellipsen erforderliche Zeit wie folgt zusammen:

$$t_1 = \frac{2 \cdot 25000 \cdot 16800 \cdot \pi}{10{,}4 \cdot 6455} = 39300 \text{ sec} = \sim 10{,}9 \text{ Std.}$$

$$t_2 = \frac{2 \cdot 14300 \cdot 11950 \cdot \pi}{9{,}8 \cdot 6455} = 16900 \text{ sec} = \sim 4{,}7 \text{ »}$$

$$t_3 = \frac{2 \cdot 10250 \cdot 9500 \cdot \pi}{9{,}2 \cdot 6455} = 10300 \text{ sec} = \sim 2{,}9 \text{ »}$$

$$t_4 = \frac{2 \cdot 8000 \cdot 7850 \cdot \pi}{8{,}6 \cdot 6455} = 7100 \text{ sec} = \sim 2{,}0 \text{ »}$$

$$t_5 = \frac{2 \cdot 6900 \cdot 6860 \cdot \pi}{8{,}1 \cdot 6455} = 5700 \text{ sec} = \sim 1{,}6 \text{ »}$$

im ganzen also $t_a = 79300 \text{ sec} = \sim 22{,}1 \text{ Std.}$

Der nun beginnende Gleitflug ist etwa folgendermaßen zu denken: Er beginnt in der Höhe $h - y_a = 75$ km mit der tangentialen Geschwindigkeit $v_a = 7{,}85$ km/sec, bei welcher die Zentrifugalbeschleunigung $z_a = \frac{v_a^2}{r_a}$ genau gleich der Schwerbeschleunigung g_a ist, weil nach S. 21 $v_a^2 = g_a \cdot r_a$. Durch die dauernde Verzögerung β infolge des Luftwiderstandes vermindert sich die Geschwindigkeit v und mit ihr die Zentrifugalbeschleunigung $z = \frac{v^2}{r}$, während die Schwerbeschleunigung g annähernd unverändert bleibt. Auf das Fahrzeug muß daher außer der tangentialen Bahnverzögerung β noch eine ständig zunehmende Radialverzögerung ϱ wirken, um den Überschuß der Schwerbeschleunigung g über die Zentrifugalbeschleunigung z aufzuheben, so daß

$$\varrho = g - z = g\left(1 - \frac{z}{g}\right),$$

oder, da $z = \frac{v^2}{r}$ und — innerhalb des betrachteten Bereiches zwischen 0 und 75 km Höhe — genau genug auch $g = \frac{v_a^2}{r}$ gesetzt werden kann:

$$\varrho = g\left(1 - \frac{v^2}{v_a^2}\right) \quad \text{. . . . . (19)}$$

Die Radialverzögerung ϱ kann durch die Wirkung des Luftwiderstandes auf eine Tragfläche F_0 hervorgebracht werden, die aus wagerechter Anfangslage mittels einer Höhensteuerung allmählich immer stärker gegen die Wagerechte geneigt wird, so daß nach Abb. 10:

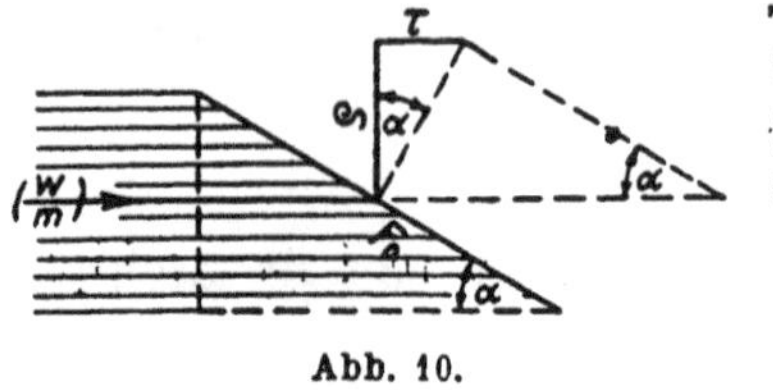

Abb. 10.

$$\varrho = \frac{w}{m} \cdot F_0 \cdot \sin^2 \alpha \cdot \cos \alpha; \quad . \ (20)$$

die gleichzeitig auftretende Tangentialkomponente $\tau = \varrho \cdot \operatorname{tg} \alpha$ kann gegenüber der zunächst groß anzunehmenden Bahnverzögerung β vernachlässigt werden.

Damit die Höhensteuerung stets gleich manövrierfähig bleibt, darf der Flächenwiderstand w nicht größer werden als zu Beginn des Gleitfluges, also nach Gleichung (14) und (16a):

$$w = \frac{\gamma_0}{g_0} v^2 \left(\frac{y}{h}\right)^{49} = \frac{\gamma_0}{g_0} v_a^2 \left(\frac{y_a}{h}\right)^{49};$$

oder der Flug muß so eingerichtet werden, daß stets

$$\frac{v^2}{v_a^2} = \frac{\left(\frac{y_a}{h}\right)^{49}}{\left(\frac{y}{h}\right)^{49}} = \left(\frac{y_a}{y}\right)^{49} \quad \ldots\ldots\ldots\ldots \quad (21)$$

bleibt; d. h.: eine bestimmte Höhenlage y darf erst dann aufgesucht werden, wenn die Geschwindigkeit v entsprechend herabgemindert ist.

In Abb. 11 sind die zu jeder Höhenlage y gehörigen Werte $\frac{v^2}{v_a^2}$ eingetragen. Aus der gleichen Abb. 11 sind demnach auch die Werte $1 - \frac{v^2}{v_a^2}$ zu entnehmen, die nach Gleichung (19) die erforderliche Zunahme der radialen Beschleunigung ϱ im Maßstabe $1 : g$ darstellen.

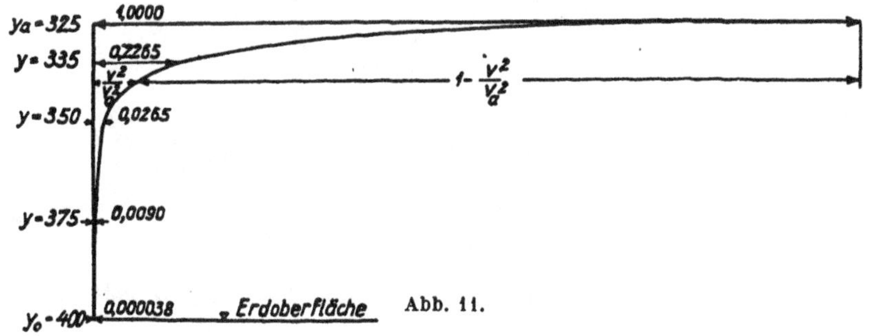

Abb. 11.

Ferner ist der nach Erreichung einer Geschwindigkeit v zurückgelegte Weg s bei gleichbleibender Bahnverzögerung $\beta = \beta_a$:

$$s = \frac{v_a^2 - v^2}{2\beta_a} = \frac{v_a^2}{2\beta_a}\left(1 - \frac{v^2}{v_a^2}\right) = \frac{v_a^2}{2\beta_a}\left[1 - \left(\frac{y_a}{y}\right)^{49}\right], \quad . \quad (22)$$

so daß auch der Weg s durch die Strecke $1 - \frac{v^2}{v_a^2}$ der Abb. 11 im Maßstabe $1 : \frac{v_a^2}{2\beta_a}$ dargestellt wird. Daraus ist zu ersehen, daß bei Beibehaltung einer gleichbleibenden Bahnverzögerung β die Fahrt nach anfänglich günstigem Verlaufe schließlich mit einem Absturz enden würde. Der Wert β darf also nur so lange konstant gehalten werden, bis die Bahnneigung stärker von der Wagerechten abzuweichen beginnt.

Nun ist die Bahnneigung nach Gleichung (22) gegeben durch den Ausdruck

$$\frac{ds}{dy} = \frac{v_a^2}{2\beta_a} \cdot 49 \cdot \frac{y_a^{49}}{y^{50}} = \frac{v_a^2}{2\beta_a} \cdot \frac{49}{y_a}\left(\frac{y_a}{y}\right)^{50},$$

woraus

$$\left(\frac{y}{y_a}\right)^{50} = \frac{49}{y_a} \cdot \frac{v_a^2}{2\beta_a} \cdot \frac{dy}{ds}. \qquad (23)$$

Wird die in der Höhe $h - y_a = 75$ km oder $y_a = 325$ km bei einer Geschwindigkeit $v_a = 7{,}85$ km/sec mit einer Bremsfläche $F = 6{,}1$ m² erzielte Verzögerung

$$\beta_a = \frac{w}{m_1} \cdot F = \frac{\gamma_0}{g_0 m_1} \cdot v_a^2 \cdot \left(\frac{y_a}{h}\right)^{49} \cdot F =$$

$$= \frac{1{,}3}{2000} \cdot 7850^2 \cdot 6{,}1 \cdot \left(\frac{325}{400}\right)^{49} = 9{,}3 \text{ m/sec}^2 = 0{,}0093 \text{ km/sec}^2$$

beibehalten, so wird nach Gleichung (23) ein Grenzwert der Bahnneigung von etwa $\frac{dy}{ds} = \frac{1}{10}$ erreicht. in der Höhenlage

$$\left(\frac{y_b}{y_a}\right)^{50} = \frac{49}{325} \cdot \frac{7{,}85^2}{2 \cdot 0{,}0093} \cdot \frac{1}{10} = 50,$$

oder

$$y_b = y_a \cdot 50^{\frac{1}{50}} = 325 \cdot 1{,}0814 = 352 \text{ km},$$

oder in der Höhe

$$h - y_b = 400 - 352 = 48 \text{ km}$$

über der Erdoberfläche, nach Erreichung einer Geschwindigkeit v_b, entsprechend der Gleichung (21):

$$\frac{v_b^2}{v_a^2} = \left(\frac{y_a}{y_b}\right)^{49} = \left(\frac{y_a}{y_b}\right)^{50} \cdot \frac{y_b}{y_a} = \frac{1{,}0814}{50} = 0{,}02163,$$

oder

$$v_b = v_a \sqrt{0{,}02163} = 7{,}85 \cdot 0{,}147 = 1{,}15 \text{ km/sec}$$

und nach Zurücklegung eines Weges nach Gleichung (22):

$$s_b = \frac{v_a^2}{2\beta_a}\left(1 - \frac{v_b^2}{v_a^2}\right) = \frac{7{,}85^2}{2 \cdot 0{,}0093}(1 - 0{,}02163) = 3250 \text{ km}$$

und nach Ablauf einer Zeit

$$t_b = \frac{v_a - v_b}{\beta_a} = \frac{7850 - 1150}{9,3} = 720 \text{ sec.}$$

Die an dieser Stelle erforderliche Radialverzögerung ist nach Gleichung (19)

$$\varrho_b = g\left(1 - \frac{v_b^2}{v_a^2}\right) = g\,(1 - 0,02163) = 0,97837 \cdot g,$$

also nahezu gleich der vollen Schwerbeschleunigung g und kann erzeugt gedacht werden durch eine Tragfläche F_0, die der Gleichung (20) genügen muß:

$$\varrho = \frac{w}{m_1} \cdot F_0 \cdot \sin^2 \alpha \cdot \cos \alpha = \sim g,$$

wobei w nach Voraussetzung noch immer den Wert

$$w = \frac{\gamma_0}{g_0} \cdot v_a^2 \left(\frac{y_a}{h}\right)^{49} = \frac{1,3}{9,8} \cdot 7850^2 \left(\frac{325}{400}\right)^{49} = \sim 310 \text{ kg/m}^2$$

hat, so daß

$$F_0 \cdot \sin^2 \alpha \cdot \cos \alpha = \frac{m_1 g}{w} = \sim \frac{2000}{310} = 6,5 \text{ m}^2.$$

Mit Rücksicht auf einen gegenüber β_a nicht zu großen Wert für $\tau = \varrho \cdot \operatorname{tg} \alpha$ sollte der Winkel α möglichst klein gewählt werden, etwa $\max \alpha = 20^0$, so daß

$$\max \tau = 0,364 \cdot 9,8 = 3,56 \text{ m/sec}^2$$

gegenüber

$$\beta_a = 9 \text{ m/sec}^2$$

und

$$F_0 = \frac{6,5}{0,342^2 \cdot 0,940} = 59 \text{ m}^2 (\sim 5 \text{ m} \cdot 12 \text{ m}).$$

D. h. von $h - y = 75$ bis 48 km Höhe über der Erdoberfläche muß auf einer Strecke von $s_b = 3250$ km bei gleichbleibender Bremsfläche $F = 6,1$ m² und gleichbleibender Tragfläche $F_0 = 59$ m² der Neigungswinkel α der Tragfläche von 0° bis 20° gegen die Wagerechte wachsen, damit bei unveränderlichem Flächenwiderstand $w = 310$ kg/m² die Bahngeschwindigkeit von $v_a = 7850$ auf $v_b = 1150$ km/sec abnimmt und die Radialverzögerung ϱ von Null bis zum vollen Werte der Schwerbeschleunigung zunimmt (vgl. Abb. 12 A bis B).

Von der Höhe $h - y_b = 48$ km an muß zur Vermeidung eines zu schnellen Absturzes die Bahnverzögerung β vermindert werden, etwa dadurch, daß die fallschirmartige Bremsfläche F weggelassen und nur die zuletzt erhaltene Komponente $\tau = 3{,}56$ m/sec² $= 0{,}00356$ km/sec² des Tragflächenwiderstandes zur weiteren Bremsung herangezogen wird. Aber auch dieser Wert kann nicht bis zum Ende beibehalten werden, da er nach kurzer Weiterfahrt ebenfalls eine zu steile Bahn ergeben

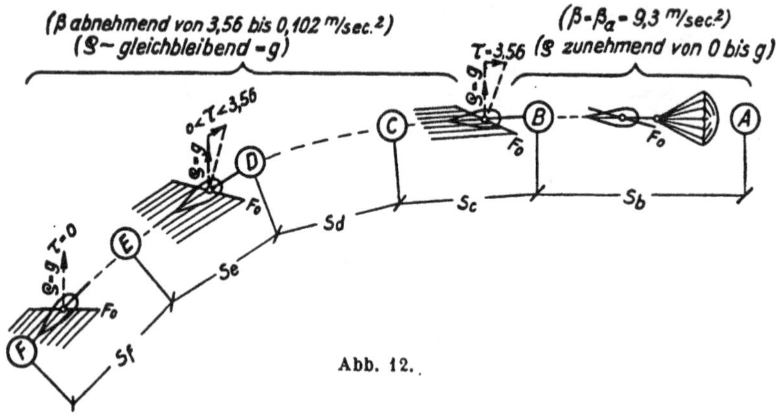

Abb. 12.

würde; vielmehr muß bei gleichbleibendem ϱ (= Schwerbeschleunigung) die Bahnverzögerung allmählich immer kleiner gewählt werden, etwa dadurch, daß nach Abb. 12 die Tragfläche F_0 aus der Lage B nach und nach über D in die wagerechte Lage F übergeführt wird.

An jeder Stelle der Bahn besteht die Beziehung:

$$-\beta\, ds = d\left(\frac{v^2}{2}\right)$$

oder, da

$$v^2 = v_a^2 \cdot \left(\frac{y_a}{y}\right)^{49}:$$

$$-\beta\, ds = \frac{v_a^2}{2} \cdot d\left(\frac{y_a}{y}\right)^{49} = -\frac{v_a^2}{2} \cdot \frac{49}{y_a} \cdot \left(\frac{y_a}{y}\right)^{50} \cdot dy,$$

so daß allgemein

$$\frac{ds}{dy} = \frac{v_a^2}{2\beta} \cdot \frac{49}{y_a} \cdot \left(\frac{y_a}{y}\right)^{50}, \quad . . (24)$$

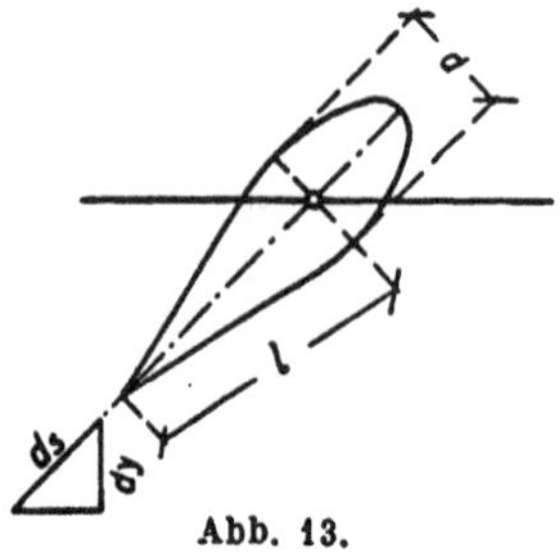
Abb. 13.

wobei jetzt β veränderlich ist.

Soll der Gleitflug unmittelbar über der Erdoberfläche unter 45° auslaufen, so muß für $y = y_0 = 400$ km:

$$\frac{dy}{ds} = \frac{1}{\sqrt{2}} \text{ sein (s. Abb. 13),}$$

also der Endwert von β:

$$\beta_{\min} = \frac{v_a^2}{2} \cdot \frac{49}{y_a} \cdot \left(\frac{y_a}{y_0}\right)^{50} \cdot \frac{dy}{ds}$$

$$= \frac{7{,}85^2}{2} \cdot \frac{49}{325} \cdot \left(\frac{325}{400}\right)^{50} \cdot \frac{1}{\sqrt{2}} = 0{,}000102 \text{ km/sec}^2$$

$$= 0{,}102 \text{ m/sec}^2.$$

Da am Ende der Bahn, nach Abb. 12F, die Tangentialkomponente τ des Tragflächenwiderstandes $= 0$ ist, so wird die Verzögerung $\beta_{\min}$ nur durch den Luftwiderstand gegen die Fahrzeugspitze bewirkt, deren Form sich somit unter Bezug auf Abb. 13 ergibt aus

$$\beta_{\min} = \frac{w}{m_1} \cdot \frac{d^2\pi}{4} : \left(\frac{d}{2l}\right)^2;$$

also

$$l = \frac{d^2}{4} \cdot \sqrt{\frac{w \cdot \pi}{m_1 \cdot \beta_{\min}}},$$

oder nach Einsetzen der Werte

$w = 310 \text{ kg/m}^2$ (nach der noch immer gültigen Voraussetzung);

$$m_1 = \frac{2000 \text{ kg}}{9{,}8 \text{ m/sec}^2} = \sim 200 \frac{\text{kg} \cdot \text{sec}^2}{\text{m}};$$

$d = 1{,}5$ (praktische Mindestabmessung des Fahrzeugs):

$$l = \frac{1{,}5^2}{4} \sqrt{\frac{310 \cdot \pi}{200 \cdot 0{,}102}} = 3{,}88 \text{ m}.$$

Die am Schluß noch übrige Bahngeschwindigkeit folgt aus

$$\frac{v^2}{v_a^2} = \left(\frac{325}{400}\right)^{49}:$$

$$v = v_a \cdot \left(\frac{325}{400}\right)^{\frac{49}{2}} = 7850 \cdot 0{,}062 = 48{,}5 \text{ m/sec},$$

so daß in der Tat der Flächenwiderstand

$$w = \frac{\gamma_0}{g_0} v^2 = \frac{1{,}3}{9{,}8} \cdot 48{,}5^2 = 310 \text{ kg/m}^2$$

ist und die Landung ohne Schwierigkeit erfolgen kann.

Wird zur Ermöglichung einer einfachen Berechnung an Stelle der allmählichen Abnahme der Bahnverzögerung von $\beta = 3{,}56$ bis $\beta = 0{,}102 \text{ m/sec}^2$ eine ruckweise Abnahme in 4 Abschnitten B—C, C—D

D—E, E—F (vgl. Abb. 12) mit $\beta_c = 3{,}5$ m/sec², $\beta_d = 1{,}0$ m/sec², $\beta_e = 0{,}2$ m/sec² und $\beta_f = 0{,}102$ m/sec² angenommen, die der Reihe nach bis zu den Bahnneigungen $\frac{dy}{ds} = \frac{1}{6}, \frac{1}{3}, \frac{1}{2}$ und $\frac{1}{\sqrt{2}}$ führen mögen, so ergibt sich am Ende der jeweiligen Abschnitte:

für Abschnitt B—C:

nach Gleichung (24):

$$\frac{ds}{dy} = \frac{v_a^2}{2\beta_c} \cdot \frac{49}{y_a} \cdot \left(\frac{y_a}{y_c}\right)^{50}$$

oder

$$\left(\frac{y_c}{y_a}\right)^{50} = \frac{v_a^2}{2\beta_c} \cdot \frac{49}{y_a} \cdot \frac{dy}{ds} = \frac{7{,}85^2}{2 \cdot 0{,}0035} \cdot \frac{49}{325} \cdot \frac{1}{6} = 222;$$

folglich

$$y_c = y_a \cdot 222^{\frac{1}{50}} = 325 \cdot 1{,}114 = 362 \text{ km}; \quad h - y_c = 38 \text{ km};$$

ferner nach Gleichung (21):

$$\frac{v_c^2}{v_a^2} = \left(\frac{y_a}{y_c}\right)^{49} = \frac{1{,}114}{222} = 0{,}00502;$$

$$v_c = v_a \sqrt{0{,}00502} = 7{,}85 \cdot 0{,}0706 = 0{,}555 \text{ km/sec};$$

und nach Gleichung (22):

$$s_c = \frac{v_b^2 - v_c^2}{2\beta_c} = \frac{1{,}15^2 - 0{,}555^2}{2 \cdot 0{,}0035} = 146 \text{ km};$$

sowie

$$t_c = \frac{v_b - v_c}{\beta_c} = \frac{1150 - 555}{3{,}5} = 170 \text{ sec};$$

für Abschnitt C—D:

$$\left(\frac{y_d}{y_a}\right)^{50} = \frac{v_a^2}{2\beta_d} \cdot \frac{49}{y_a} \cdot \frac{dy}{ds} = \frac{7{,}85^2}{2 \cdot 0{,}001} \cdot \frac{49}{325} \cdot \frac{1}{3} = 1550;$$

$$y_d = y_a \cdot 1550^{\frac{1}{50}} = 325 \cdot 1{,}158 = 377 \text{ km}; \quad h - y_d = 23 \text{ km};$$

$$\frac{v_d^2}{v_a^2} = \left(\frac{y_a}{y_d}\right)^{49} = \frac{1{,}158}{1550} = 0{,}00075;$$

$$v_d = 7{,}85 \sqrt{0{,}00075} = 0{,}215 \text{ km/sec}$$

$$s_d = \frac{v_c^2 - v_d^2}{2\beta_d} = \frac{0{,}555^2 - 0{,}215^2}{2 \cdot 0{,}001} = 131 \text{ km};$$

$$t_d = \frac{v_c - v_d}{\beta_d} = \frac{555 - 215}{1} = 340 \text{ sec};$$

für Abschnitt D—E:

$$\left(\frac{y_e}{y_a}\right)^{50} = \frac{v_a^2}{2\beta_e} \cdot \frac{49}{y_a} \cdot \frac{dy}{ds} = \frac{7{,}85^2}{2 \cdot 0{,}0002} \cdot \frac{49}{325} \cdot \frac{1}{2} = 11600;$$

$$y_e = y_a \cdot 11600^{\frac{1}{50}} = 325 \cdot 1{,}206 = 392 \text{ km}; \qquad h - y_e = 8 \text{ km};$$

$$\frac{v_e^2}{v_a^2} = \left(\frac{y_a}{y_e}\right)^{49} = \frac{1{,}206}{11600} = 0{,}000104;$$

$$v_e = 7{,}85 \sqrt{0{,}000104} = 0{,}080 \text{ km/sec};$$

$$s_e = \frac{v_d^2 - v_e^2}{2\beta_e} = \frac{0{,}215^2 - 0{,}080^2}{2 \cdot 0{,}0002} = 99 \text{ km};$$

$$t_e = \frac{v_d - v_e}{\beta_e} = \frac{215 - 80}{0{,}2} = 675 \text{ sec};$$

für Abschnitt E—F:

$$y = 400 \text{ km}; \qquad h - y = 0; \qquad v_f = \sim 49 \text{ m/sec};$$

$$s_f = \frac{v_e^2 - v_f^2}{2\beta_f} = \frac{0{,}080^2 - 0{,}049^2}{2 \cdot 0{,}0001} = 20 \text{ km};$$

$$t_f = \frac{v_e - v_f}{\beta_f} = \frac{80 - 49}{0{,}1} = 310 \text{ sec}.$$

Der ganze Gleitflug erstreckt sich demnach über eine Länge

$$s_{b-f} = 3250 + 146 + 131 + 99 + 20 = 3646 \text{ km}$$

und dauert

$$t_{b-f} = 720 + 170 + 340 + 675 + 310 = 2215 \text{ sec} = \sim 37 \text{ min}.$$

Die gesamte Landungsdauer, vom erstmaligen Eintritt in die Atmosphäre bis zur Ankunft auf der Erdoberfläche, beträgt rund

$$79300 + 2200 = 81500 \text{ sec} = \sim 22{,}6 \text{ Stunden}.$$

Bei Untersuchung der Bremsellipsen wurde in erster Annäherung vorausgesetzt, im Scheitelpunkte der Bremsstrecke finde ein plötzlicher tangentialer Übergang aus der vorhergehenden Ellipse (bzw. Parabel) in die darauffolgende Ellipse statt. In Wirklichkeit wird, da die Bremswirkung nicht plötzlich, sondern allmählich innerhalb der Bremsstrecke erfolgt, die Bahn zwischen der Eintritts- und Austrittsellipse in einer Übergangsspirale verlaufen. Auf ihr wird das Fahrzeug in etwas tiefere und deshalb dichtere Luftschichten gedrängt, die wiederum vermöge ihres größeren Luftwiderstandes eine stärkere Verzögerung als die angenommene verursachen. Die Folge ist, daß die wirkliche Austrittsellipse sowohl eine Achsenneigung als auch eine Achsenverkürzung gegenüber der angenommenen erfährt. Um ein Bild über den Grad der möglichen Abweichung zu erhalten, soll im folgenden die Übergangsspirale zwischen der Eintrittsparabel und der ersten Bremsellipse durch Aneinanderreihung einzelner Ellipsenzweige ermittelt werden.

Zu diesem Zwecke kann in Abb. 7 der Winkel $4\alpha' = 14^0 16'$, innerhalb dessen die Parabel innerhalb der wirksamen Luftschichten verläuft, in sechs Abschnitte von je $\Delta\varphi = 2^0 22^2/_3{}'$ geteilt werden, deren jeder auf der mutmaßlichen Übergangsspirale eine Strecke von annähernd $\Delta s = \frac{1610}{6} = \sim 270$ km begrenzt. Nach Bedarf können außerhalb des linksseitigen Winkelschenkels der Abb. 7 noch weitere Winkel angeschlossen werden. In den einzelnen Grenzpunkten wird die auf die jeweils anschließende Strecke Δs verteilte Bremswirkung in Form einer plötzlichen Geschwindigkeitsabnahme $\Delta v = \frac{\beta \cdot \Delta s}{v}$ konzentriert gedacht, wobei v die zuletzt ermittelte Bahngeschwindigkeit bezeichnet und β mit Hilfe der Tabelle IV aus $\beta = \frac{w}{m_1} \cdot F \cdot \left(\frac{v}{v'}\right)^2$ berechnet werden kann. Nicht unmittelbar angegebene Tabellenwerte w sind dabei geradlinig interpoliert worden, um eine möglichst starke Vergleichswirkung zu erhalten. Für den Anfangspunkt jedes Ellipsenzweiges sind durch Δv und durch die Untersuchung des vorhergehenden Ellipsenzweiges die Werte r_1, v_1, α_1 gegeben. Aus ihnen folgt mittels der Gleichungen

$$a = \frac{\mu}{\frac{2\mu}{r_1} - v_1^2}; \qquad b^2 = \frac{v_1^2 r_1^2 \cos^2 \alpha_1}{\frac{2\mu}{r_1} - v_1^2}; \qquad \mu = g_0 r_0^2;$$

(vgl. Gleichung (45) und (46) in Verbindung mit dem Flächensatz)

und

$$\cos\varphi_1 = \frac{\frac{b^2}{r_1} - a}{\sqrt{a^2 - b^2}}$$

(vgl. Ellipsengleichung)

der Winkel φ_1 zwischen dem Anfangsfahrstrahl und der zugehörigen Hauptachse des betrachteten Ellipsenzweiges; ferner, da $\Delta\varphi = 2^0 22^2/_3{}'$ bekannt ist, auch der Winkel $\varphi_2 = \varphi_1 \mp \Delta\varphi$ zwischen dem Endstrahl und der Hauptachse a und schließlich die zum Endpunkte des Ellipsenzweiges gehörigen Werte

$$r_2 = \frac{b^2}{a + \sqrt{a^2 - b^2} \cdot \cos\varphi_2}$$

(s. Ellipsengleichung);

$$v_2 = \sqrt{\frac{2\mu}{r_2} - \left(\frac{2\mu}{r_1} - v_1^2\right)}$$

(s. Gleichung (4))

und

$$\cos\alpha_2 = \cos\alpha_1 \cdot \frac{r_1 v_1}{r_2 v_2}$$

(s. Flächensatz, Gleichung (39)),

usw. fortschreitend, bis wieder ein Abstand $r > 6480$ km als Anfangsstrahl der Austrittsellipse erreicht wird.

Die so bei fortschreitender Berechnung sich ergebenden Bahnelemente der Übergangsspirale sind nachstehend zusammengestellt:

Abschnitt	0	I	II	III	IV	V	VI	VII
r_1 . . . . (km)	Parabelbahn	6480	6466	6457	6454	6456	6462	6472
v_1 . . . . (km/sec)		11,09	11,00	10,66	10,20	9,80	9,60	9,57
α_1		$3^0\,34'$	$2^0\,22^2/_3{}'$	$1^0\,17'$	$>0^0\,0'$ $<0^0\,16'$	$>0^0\,55'$ $<0^0\,59'$	$1^0\,45'$	$2^0\,30'$
$a = \dfrac{\mu}{\dfrac{2\mu}{r_1} - v_1^2}$		$<\infty$	148 030	38 987	20 080	14 347	12 641	12 486
$b^2 = \dfrac{(v_1\, r_1 \cos \alpha_1)^2}{\dfrac{2\mu}{r_1} - v_1^2}$		$<\infty$	1869,1 $\cdot 10^6$	461,56 $\cdot 10^6$	217,525 $\cdot 10^6$	143,570 $\cdot 10^6$	121,500 $\cdot 10^6$	119,500 $\cdot 10^6$
$e = \sqrt{a^2 - b^2}$		—	141 580	32 534	13 627	7894	6188	6033,3
φ_1 aus $\cos \varphi_1 = \dfrac{\dfrac{b^2}{r_1} - a}{e}$		$7^0\,8'$	$5^0\,4'$	$2^0\,50'$	$\sim 0^0$	$2^0\,30'$	$5^0\,15'$	$7^0\,41'$
$\Delta\,\varphi$		$2^0\,22^2/_3{}'$	$2^0\,22^2/_3{}'$	$2^0\,22^2/_3{}'$	$2^0\,22^2/_3{}'$	$2^0\,22^2/_3{}'$	$2^0\,22^2/_3{}'$	$2^0\,22^2/_3{}'$
$\varphi_2 = \varphi_1 \mp \Delta\,\varphi$		$4^0\,45^1/_3{}'$	$2^0\,41^1/_3{}'$	$0^0\,27^1/_3{}'$	$2^0\,22^2/_3{}'$	$4^0\,52^2/_3{}'$	$7^0\,37^2/_3{}'$	$10^0\,2^2/_3{}'$
$r_2 = \dfrac{b^2}{a + e \cos \varphi_2}$	6480	6466	6457	6454	6456	6462	6472	6485
$v_2 = \sqrt{\dfrac{2\mu}{r_2} - \left(\dfrac{2\mu}{r_1} - v_1^2\right)}$	11,10	11,10	11,01	10,663	10,198	9,794	9,5905	—
α_2 aus $\cos \alpha_2 = \cos \alpha_1 \cdot \dfrac{r_1\, v_1}{r_2\, v_2}$	$3^0\,34'$	$2^0\,22^2/_3{}'$	$1^0\,17'$	$>0^0\,0'$ $<0^0\,16'$	$>0^0\,55'$ $<0^0\,59'$	$1^0\,45'$	$2^0\,30'$	—
$\beta = \dfrac{w}{m_1} \cdot F \cdot \left(\dfrac{v_2}{v'}\right)^2$	0,00038	0,00412	0,014	0,018	0,016	0,0067	0,00064	—
$\Delta\,s$	270	270	270	270	270	270	270	—
$\Delta\,v = \dfrac{\beta\,\Delta\,s}{v_2}$	0,01	0,10	0,35	0,46	0,40	0,19	0,018	—
$v_2 - \Delta\,v$	$\sim$ 11,09	$\sim$ 11,00	$\sim$ 10,66	$\sim$ 10,20	$\sim$ 9,80	$\sim$ 9,60	$\sim$ 9,57	—

Zum Vergleich seien noch innerhalb des Bremsbereiches die Bahnelemente der Übergangsspirale den einem plötzlichen Übergang aus der Parabel in die erste Bremsellipse entsprechenden Werten gegenübergestellt:

Grenzpunkt		0—I	I—II	II—III	III—IV	IV—V	V—VI	VI—VII	VII-VIII
Parabel	r	6480	6466	6458	6455	6457,5	6464,5	6476,3	—
und erste	v	11,10	11,11	11,12	10,40	10,40	10,39	10,38	—
Bremsellipse	α	$3^0\,34'$	$2^0\,22^2/_3{}'$	$1^0\,11^1/_3{}'$	$0^0\,0'$	$1^0\,0'$	$2^0\,1'$	$3^0\,2'$	—
	r	6480	6466	6457	6454	6456	6462	6472	6485
Übergangs-	v	11,10	11,00	10,66	10,20	9,80	9,60	9,57	—
Spirale	α	$3^0\,34'$	$2^0\,22^2/_3{}'$	$1^0\,17'$	$> 0^0\,0'$ $< 0^0\,16'$	$> 0^0\,55'$ $< 0^0\,59'$	$1^0\,45'$	$2^0\,30'$	—

Die sich ergebende Austrittsellipse ist demnach mit $a = 12486$ statt 25000 km und $b = \sqrt{119500000} = 10931$ statt 16800 km erheblich kleiner als die früher berechnete erste Bremsellipse; ihre beiden großen Achsen weichen um einen Winkel von $7^0 41' - 7^0 8' = 33'$ voneinander ab. Die nächste Erdnähe würde auf der Austrittsellipse in einem Abstande

$$r_a = \frac{b^2}{a + e} = \frac{119500000}{12486 + 6033} = 6452{,}7 \text{ km}$$

statt 6455 km erreicht werden.

Nach alledem ist anzunehmen, daß in Wirklichkeit bereits die Durchfahrung von höchstens zwei Bremsellipsen statt der in erster Annäherung gefundenen fünf genügen dürfte, um die Kreisbahngeschwindigkeit zu erreichen, besonders wenn die Bremsfläche F noch etwas vergrößert wird.

Zum Schluß soll noch untersucht werden, ob es nicht möglich ist, gleich beim ersten Eintritt in die bremsende Lufthülle ohne Inanspruchnahme von Bremsellipsen die Kreisbewegung zu erzwingen. Das ist natürlich nur durchführbar bei Benützung einer Höhensteuerung. Da diese aber mit Rücksicht auf den später anschließenden Gleitflug ohnehin vorhanden sein muß, so steht ihrer sofortigen Anwendung nichts im Wege.

Nach der ersten, für die Bremswirkung ungünstigeren Näherungsrechnung wird der Parabelscheitel bei $r_a = 6455$ km erreicht mit einer durch den vorhergehenden Luftwiderstand bereits verminderten Bahngeschwindigkeit von etwa $v_a = \frac{11{,}1}{1{,}032} = 10{,}75$ km/sec. Soll das Fahrzeug in diesem Abstande und mit dieser Bahngeschwindigkeit gezwungen werden, auf einer Kreisbahn um den Erdmittelpunkt zu bleiben, so ist eine Zentripetalbeschleunigung nötig von der Größe

$$z_a = \frac{v_a^2}{r_a} = \frac{10750^2}{6455000} = 17{,}9 \text{ m/sec}^2$$

statt der dort vorhandenen Schwerbeschleunigung von

$$g_a = 9{,}8 \cdot \left(\frac{6380}{6455}\right)^2 = 9{,}6 \text{ m/sec}^2.$$

Die demnach erforderliche radiale Zusatzbeschleunigung

$$\varrho = z_a - g_a = 8{,}3 \text{ m/sec}^2$$

kann hervorgerufen werden durch die Wirkung des Luftwiderstandes auf die ohnedies vorhandene Tragfläche F_0, die nach Abb. 13a unter einem Winkel α gegen die Wagerechte einzustellen ist, so daß nach Gleichung (20):

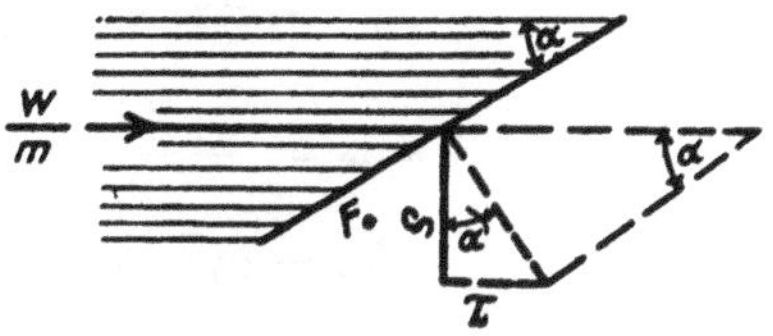

Abb. 13a.

$$\varrho = \frac{w}{m} \cdot F_0 \cdot \sin^2 \alpha \cdot \cos \alpha.$$

Mit abnehmender Bahngeschwindigkeit v vermindert sich allmählich die erforderliche Radialbeschleunigung ϱ, was durch entsprechende Verringerung des Winkels α bewirkt werden kann.

Für $v_a = 10{,}75$ km/sec und $r_a = 6455$ km ist unter Beibehaltung der bei Betrachtung des Gleitfluges angegebenen Tragflächengröße $F_0 = 59 \text{ m}^2$ und Fahrzeugmasse

$$m = \sim \frac{2000 \text{ kg}}{10 \text{ m/sec}^2} = 200 \frac{\text{kg} \cdot \text{sec}^2}{\text{m}}:$$

$$w = 640 \cdot \left(\frac{10{,}75}{11{,}10}\right)^2 = 600 \text{ kg/m}^2$$

und

$$\frac{w}{m} \cdot F_0 = \frac{600 \text{ kg/m}^2}{200 \frac{\text{kg} \cdot \text{sec}^2}{\text{m}}} \cdot 59 \text{ m}^2 = 177 \text{ m/sec}^2;$$

folglich müßte zur Einleitung der Kreisbewegung sein

$$\sin^2 \alpha \cdot \cos \alpha = \frac{\varrho}{\frac{w}{m} \cdot F_0} = \frac{8{,}3}{177} = 0{,}047;$$

$$\alpha = \sim 12^2/_3{}^0.$$

Winkel α ist allmählich zu vermindern bis zu 0^0 bei Erreichung der freien Kreisbahngeschwindigkeit von 7,85 km/sec.

Der Größtwert der Verzögerung in 75 km Höhe bei $v_{max} = 11{,}1$ km/sec und einer Fallschirmfläche $F = 6{,}1 \text{ m}^2$ war früher zu $\beta_{max} = 0{,}0193 \text{ km/sec}^2$ ermittelt worden. Während der erzwungenen Kreisbewegung in 75 km

Höhe ist daher die Bahnverzögerung bei einer augenblicklichen Geschwindigkeit v:

$$\beta = \frac{dv}{dt} = -v^2 \cdot \frac{\beta_{\max}}{v^2_{\max}} = -v^2 \cdot k, \left(\text{wo } k = \frac{0{,}0193}{11{,}1^2}\right);$$

ferner

$$\frac{ds}{dt} = v;$$

folglich

$$\frac{dv}{ds} = -vk;$$

$$k\,ds = -\frac{dv}{v};$$

$$-ks = \ln v + C$$

im Parabelscheitel für $s = 0$:

$$0 = \ln v_a + C; \quad C = -\ln v_a;$$

daher

$$-ks = \ln v - \ln v_a = \ln \frac{v}{v_a};$$

oder

$$s = \frac{1}{k} \cdot \ln \frac{v}{v_a}.$$

Demnach ist am Ende der erzwungenen und beim Beginn der freien Kreisbewegung, also für $v = 7{,}85$ km/sec, die vom Parabelscheitel an zurückgelegte Strecke

$$\max s = \frac{11{,}1^2}{0{,}0193} \cdot \ln \frac{1075}{785} = 6400 \cdot (6{,}98008 - 6{,}66568) = 2000 \text{ km}.$$

Die zur Zurücklegung dieser Strecke erforderliche Zeit folgt aus

$$\frac{dv}{dt} = -v^2 \cdot k;$$

$$k\,dt = -\frac{dv}{v^2};$$

$$kt = +\frac{1}{v} + C;$$

für $t = 0$, also im Parabelscheitel:

$$0 = \frac{1}{v_a} + C; \quad C = -\frac{1}{v_a};$$

daher

$$kt = \frac{1}{v} - \frac{1}{v_a};$$

und

$$t = \frac{1}{k} \cdot \left(\frac{1}{v} - \frac{1}{v_a}\right) = \frac{1}{\beta_{max}} \cdot \left(\frac{v_{max}^2}{v} - \frac{v_{max}^2}{v_a}\right);$$

$$t = \frac{1}{0{,}0193} \left(\frac{11{,}10^2}{7{,}85} - \frac{11{,}10^2}{10{,}75}\right) = \frac{15{,}7 - 11{,}5}{0{,}0193} = 218 \text{ sec} = 3{,}63 \text{ min.}$$

Mit dem anschließenden Gleitflug zusammen beträgt dann die gesamte Landungsdauer vom Berühren des Parabelscheitels an nur

$$218 + 2200 = \sim 2400 \text{ sec} = 40 \text{ min.}$$

Die Landung ohne Inanspruchnahme von Bremsellipsen ist demnach sehr wohl möglich. Allerdings stellt die erzwungene Kreisfahrt, während welcher die Fahrzeuginsassen ja durch die Zentrifugalkraft gegen die obere Wandung gepreßt werden, einen kurzen Kopf- oder Rückenflug dar, der vielleicht die Manövriersicherheit beeinträchtigt. Der Führer wird indessen nur darauf zu achten haben, daß er nicht vorzeitig in zu tiefe Luftschichten gerät, da dies nach Abb. 11 zum Absturz führen könnte. Bleibt er dagegen zu hoch, so wird er schlimmstenfalls mit dem Fahrzeug die Lufthülle vorübergehend in einer größeren oder kleineren Ellipsenbahn verlassen, nach deren Durchlaufen er in aller Ruhe den Landungsversuch wiederholen kann.

In scheinbarem Widerspruch zu den dargestellten Landungsmöglichkeiten steht die Tatsache des Aufleuchtens der Sternschnuppen, aus der geschlossen werden kann, daß die aus dem Weltraum in die irdische Lufthülle eindringenden Körper infolge des Luftwiderstandes eine starke Erhitzung erfahren. Dagegen ist einzuwenden, daß diese Meteoriten eine sehr viel größere Einfallgeschwindigkeit besitzen als unser Fahrzeug. Von diesem wurde ausdrücklich vorausgesetzt, daß es nur der Erdanziehung unterworfen sei, stillschweigend also, daß es die Bewegung der Erde um die Sonne von etwa 30 km/sec, in welcher ja der nicht zu vermeidende Einfluß der Sonnenanziehung zum Ausdruck kommt, mitmache, während die Meteoriten infolge der Sonnenanziehung im Abstande der Erdbahn im allgemeinen eine Geschwindigkeit von ungefähr 42 km/sec relativ zur Sonne haben; dazu kommt, wenn die Erdbahn und Meteoritenbahn einander entgegengerichtet sind, die Bahngeschwindigkeit der Erde mit annähernd 30 km/sec, so daß sich relativ zur Erde im ungünstigsten Fall eine Einfallgeschwindigkeit von $42 + 30 = 72$ km/sec ergibt gegenüber den 11,1 km/sec unseres Fahrzeuges. Da aber die Luftwiderstände sich wie die Quadrate der Geschwindigkeiten verhalten, so ist der Luftwiderstand gegen die Sternschnuppe im ungünstigsten Falle etwa $\left(\frac{72}{11}\right)^2 = 43$ mal so groß wie gegen das Fahrzeug. Freilich darf nicht übersehen werden, daß bei Verminderung der Geschwindigkeit von $v' = 11\,100$ m/sec bis $v = 0$ eine Energie verfügbar wird von $\frac{mv'^2}{2} - 0$; das ergibt, wenn — wie bisher — die Masse wieder mit rund

$$m = \frac{2000\text{ kg}}{10\text{ m/sec}^2} = 200\,\frac{\text{kg}\cdot\text{sec}^2}{\text{m}}$$

angenommen wird,

$$\frac{mv'^2}{2} = \frac{200}{2}\cdot 11\,100^2 = 12\,300\,000\,000\text{ mkg}.$$

Diese Energie muß entweder in Bewegung (Luftwirbel) oder in Wärme oder in beides umgesetzt werden. Bei den bisherigen Untersuchungen über die Landung war stillschweigend die ausschließliche Umwandlung in Luftbewegung angenommen worden. Der entgegengesetzte Grenzfall — die ausschließliche Umwandlung in Wärme — würde mit dem mechanischen Wärmeäquivalent $\frac{1}{427}$ zu einer Wärmemenge von

$$Q = \frac{12\,300\,000\,000}{427} = 28\,800\,000\text{ WE}$$

(Wärmeeinheiten) führen.

Bei der bisher angestrebten möglichst schnellen Bremsung würde sich dadurch zunächst der unmittelbar betroffene Fallschirm stark erhitzen und verbrennen. Infolgedessen würde die Notwendigkeit entstehen, für das mehrmalige Durchfahren der Bremsstrecke und für den Gleitflug bis zum Punkte B in Abb. 12 eine ganze Reihe nacheinander zu verwendender Fallschirme von geeigneter Form mitzuführen. (Da im Punkte B die Geschwindigkeit bereits auf 1150 m/sec herabgemindert war, ist im weiteren Verlaufe des Gleitflugs kein Heißlaufen mehr zu befürchten.)

Soll aber jede Verbrennungserscheinung von vornherein vermieden werden, so müßte die Bremswirkung so herabgemindert werden, daß die erhitzten Oberflächen genügend Zeit haben, die aufgenommene Wärmemenge an die Umgebung durch Leitung und Strahlung weiterzugeben.

Allgemein ist die infolge Bremsung von der gegebenen Anfangsgeschwindigkeit v' bis zur augenblicklichen Geschwindigkeit v freigewordene Energie

$$E = \frac{mv'^2}{2} - \frac{mv^2}{2};$$

ihr sekundlicher Zuwachs also

$$\frac{dE}{dt} = mv\cdot\frac{dv}{dt};$$

die entsprechende sekundliche Wärmeaufnahme also

$$\frac{dQ}{dt} = \frac{mv}{427} \cdot \frac{dv}{dt};$$

oder, wenn die zulässige sekundliche Wärmeaufnahme $\frac{dQ}{dt}$ bekannt ist, so darf die Bremsverzögerung im Augenblicke der Geschwindigkeit v höchstens sein

$$\frac{dv}{dt} = \frac{dQ}{dt} \cdot \frac{427}{mv}.$$

Die sekundlich zulässige Wärmeaufnahme ist gleichbedeutend mit der sekundlich möglichen Wärmeabgabe durch Leitung und Strahlung und wird — nötigenfall durch Anordnung von Kühlrippen an der Fahrzeugaußenfläche — mit etwa $500 \frac{\text{WE}}{\text{sec}}$ angenommen werden können, so daß — wieder mit $m = 200 \frac{\text{kg} \cdot \text{sec}^2}{\text{m}}$:

$$\frac{dv}{dt} = \frac{500 \cdot 427}{200 \cdot v} = \sim \frac{1000}{v}; \quad (v \text{ in m/sec})$$

z. B. dürfte die Verzögerung höchstens betragen

$$\text{für } v = 10000 \text{ m/sec:} \quad \frac{dv}{dt} = \frac{1000}{10000} = 0{,}1 \text{ m/sec}^2,$$

$$\text{»} \quad v = 5000 \quad \text{»} \quad \frac{dv}{dt} = \frac{1000}{5000} = 0{,}2 \quad \text{»} \;.$$

$$\text{»} \quad v = 1000 \quad \text{»} \quad \frac{dv}{dt} = \frac{1000}{1000} = 1{,}0 \quad \text{»} \;,$$

$$\text{»} \quad v = 100 \quad \text{»} \quad \frac{dv}{dt} = \frac{1000}{100} = 10{,}0 \quad \text{»} \;,$$

Zur Hervorrufung so geringer Verzögerungen wäre ein Fallschirm überhaupt kaum nötig, da der Luftwiderstand gegen den Fahrzeugrumpf und die Tragflächen allein schon zu der schwachen Bremsung genügen würde.

Der im ganzen während der Landung zurückzulegende Weg s ergibt sich jetzt wie folgt:

$$\left.\begin{aligned} \frac{dv}{dt} &= \frac{1000}{v} \\ \frac{ds}{dt} &= v \end{aligned}\right| \text{ also } \frac{dv}{ds} = \frac{1000}{v^2}$$

$$ds = \frac{v^2\,dv}{1000};$$

$$s = \frac{1}{1000} \cdot \int_0^{11100} v^2\,dv = \frac{11100^3}{3 \cdot 1000} = 410700000 \text{ m} =$$

$$= 410700 \text{ km} = \text{rund 10 Erdumfänge!}$$

Davon entfallen allein auf die Fahrt zwischen $v = 11100$ und 7850 m/sec (erzwungene Kreisbewegung):

$$\frac{11100^3 - 7850^3}{3 \cdot 1000} = 249450000 \text{ m} = \text{rund 6 Erdumfänge;}$$

zwischen $v = 7850$ und 4000 m/sec:

$$\frac{7850^3 - 4000^3}{3 \cdot 1000} = 139920000 \text{ m} = \text{rund 3,5 Erdumfänge;}$$

zwischen $v = 4000$ und 0 m/sec:

$$\frac{4000^3}{3 \cdot 1000} = 21330000 \text{ m} = \text{rund 0,5 Erdumfänge.}$$

Dies alles unter der nicht zutreffenden Voraussetzung, daß die gesamte Bremsenergie in Wärme umgesetzt würde.

Die Wirklichkeit liegt zwischen den beiden betrachteten Grenzfällen. Auf jeden Fall muß bei der Landung folgendes beachtet werden:

1. Die Bremsung ist nicht zu stark, die Fallschirmfläche also nicht zu groß zu wählen;
2. der Fallschirm muß eine zur Erzeugung von Luftwirbeln möglichst günstige Form besitzen (die Forderungen 1 und 2 werden am besten erfüllt, wenn nach Valiers Vorschlag der Fallschirm ersetzt wird durch eine Anzahl in größeren Abständen zentrisch hintereinander angeordneter Kegel mit vorwärts gerichteten Spitzen);
3. wegen der Verbrennungsmöglichkeit ist eine größere Anzahl von Ersatzfallschirmen (bzw. Ersatzkegeln) mitzuführen;
4. das Fahrzeug ist nicht nur mit Tragflächen, sondern möglichst auch mit Kühlrippen aus Metall zu versehen.

Im übrigen bedürfen alle diese durch so ungewöhnlich hohe Geschwindigkeiten und so ungewöhnlich geringe Luftdichten bedingten Verhältnisse noch der fortschreitenden Klärung durch Versuche.

III.

Freie Fahrt im Raume.

In den bisherigen Abschnitten wurde die Abfahrt von der Erde bis zur Erreichung derjenigen Geschwindigkeit, bei welcher keine Wiederkehr erfolgt, und die Ankunft auf der Erde vom Augenblicke des Eintrittes in die Lufthülle an getrennt behandelt. Es fragt sich nun, ob nach erfolgter Loslösung von der Erde die Fahrt willkürlich so geleitet werden kann, daß eine Rückkehr in dem gewünschten Sinne, also in tangential gerichteter Bahn, überhaupt möglich ist.

Nach Aufhören seiner Eigenbeschleunigung bewegt sich das Fahrzeug in radialer Richtung — wenn von der seitlichen Anfangsgeschwindigkeit infolge der Erdumdrehung (am Äquator etwa 463 m/sec) der Einfachheit wegen vorläufig abgesehen wird — von der Erde weg; es steigt oder »fällt unter steter Geschwindigkeitsabnahme« in den Raum hinaus, und zweifellos haben seine Insassen nach dem plötzlichen Aufhören der Schwereempfindung das zunächst wahrscheinlich ziemlich beängstigende Gefühl ständigen Fallens, das vielleicht nach einiger Gewöhnung in das angenehmere Gefühl des Schwebens übergeht. — Ob die Geschwindigkeit Null wirklich erst in der Unendlichkeit erreicht würde, hängt ab von der am Schluß der Eigenbeschleunigung im Abstande r_1 erreichten Höchstgeschwindigkeit v_1, die ja unter anderem auch von dem nicht genau vorher bestimmbaren Luftwiderstande beeinflußt wurde. Jedenfalls sei im beliebigen Abstande r_2 vom Erdmittelpunkte die (durch mehrere, in bestimmten Zeitabschnitten aufeinanderfolgende Abstandsmessungen zu ermittelnde) Geschwindigkeit $= v_2'$.

Allgemein ist im Abstande r die Verzögerung infolge der Erdanziehung

$$\frac{dv}{dt} = -g_0 \frac{r_0^2}{r^2}$$

und die Geschwindigkeit

$$\frac{dr}{dt} = v;$$

also

$$\frac{dv}{dr} = -\frac{g_0 r_0^2}{r^2 v},$$

oder

$$v\,dv = -g_0 r_0^2 \frac{dr}{r^2},$$

woraus

$$\frac{v^2}{2} = + \frac{g_0 r_0^2}{r} + C;$$

also im Abstande r_2:

$$\frac{v_2'^2}{2} = \frac{g_0 r_0^2}{r_2} + C;$$

folglich

$$\frac{v_2'^2 - v^2}{2} = \frac{g_0 r_0^2}{r_2} - \frac{g_0 r_0^2}{r}; \quad \ldots\ldots\ldots \quad (25)$$

daraus die Steighöhe r_3', in welcher die Geschwindigkeit $v = 0$ erreicht wird:

$$\frac{v_2'^2}{2} = \frac{g_0 r_0^2}{r_2} - \frac{g_0 r_0^2}{r_3'} = g_0 r_0^2 \left(\frac{1}{r_2} - \frac{1}{r_3'}\right); \quad \ldots\ldots \quad (25\text{a})$$

$$r_3' = \frac{2\,g_0 r_0^2}{\frac{2\,g_0 r_0^2}{r_2} - v_2'^2} \quad \ldots\ldots\ldots \quad (26)$$

Soll die Steighöhe nicht r_3', sondern r_3 betragen, so muß im Abstande r_2 die Geschwindigkeit statt v_2' entsprechend der Gleichung (25a) sein:

$$v_2 = \sqrt{2\,g_0 r_0^2 \left(\frac{1}{r_2} - \frac{1}{r_3}\right)} = \sqrt{2\,g_0 r_0^2 \cdot \frac{r_3 - r_2}{r_2 r_3}} \quad \ldots \quad (27)$$

Die festgestellte Geschwindigkeit v_2' muß also berichtigt werden durch eine Geschwindigkeitsänderung $\Delta v_2 = v_2 - v_2'$. Dies kann geschehen durch Abfeuern eines Richtschusses von der Masse Δm mit der Geschoßgeschwindigkeit c aus der bisherigen Fahrzeugmasse m, so daß nach Gleichung (1):

$$\frac{\Delta m}{m} = \frac{\Delta v_2}{c}$$

ist, und zwar je nach $\pm$-Vorzeichen von Δv nach hinten oder nach vorn im Sinne der Fahrt.

Ist z. B. im Abstande $r_2 = 40000$ km die festgestellte Geschwindigkeit $v_2' = 4{,}46$ km/sec (bei welcher die Steighöhe $r_3' = \infty$ würde), und soll die Steighöhe $r_3 = 800000$ km betragen (etwa zwei Mondabstände), so muß nach Gleichung (27) mit

$$2\,g_0 r_0^2 = 2 \cdot 0{,}0098 \cdot 6380^2 = 800000 \text{ km}^3/\text{sec}^2$$

sein:

$$v_2 = \sqrt{2\,g_0 r_0^2 \cdot \frac{r_3 - r_2}{r_2 r_3}} = \sqrt{800000 \cdot \frac{800000 - 40000}{40000 \cdot 800000}} = 4{,}35 \text{ km/sec},$$

folglich

$$\Delta v_2 = v_2 - v_2' = 4{,}35 - 4{,}46 = -0{,}11 \text{ km/sec},$$

und bei einer Geschoßgeschwindigkeit $c = 1{,}0$ km/sec:

$$\frac{\Delta m}{m} = \frac{0{,}11}{1{,}0} = 0{,}11;$$

d. h. ein Geschoß von etwa $^1/_9$ der bisherigen Fahrzeugmasse m müßte mit 1000 m/sec in der Fahrtrichtung nach vorne abgefeuert werden. Der Richtschuß ist um so wirksamer, je eher er abgefeuert wird.

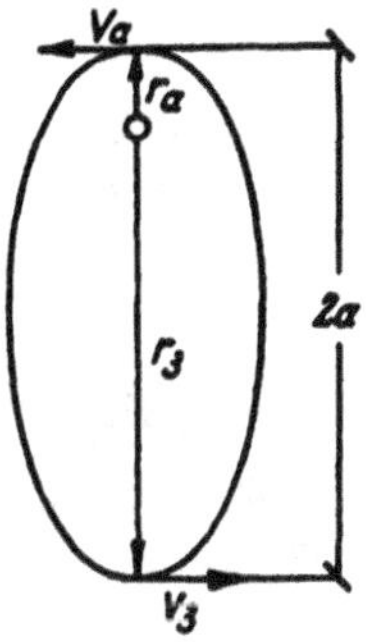

Abb. 14.

Nach Erreichung der gewünschten Steighöhe r_3 würde das Fahrzeug, sich selbst überlassen, wieder radial zur Erde zurückfallen. Damit es aber die im II. Abschnitt geforderte, tangential in die Atmosphäre einfallende Bahn einschlägt, muß es im Augenblicke der Radialgeschwindigkeit Null, also im Abstande r_3, eine tangentiale Geschwindigkeit v_3 erhalten (s. Abb. 14). Die Rückkehrbahn wird dann allerdings keine Parabel, wie im II. Abschnitte vorausgesetzt war, sondern eine sehr ausgedehnte Ellipse mit der großen Halbachse

$$a = \frac{r_3 + r_a}{2};$$

anderseits ist aber nach den Gravitationsgesetzen (s. Gleichung (45) am Schlusse dieses Abschnittes):

$$a = \frac{g_0 r_0^2}{\dfrac{2 g_0 r_0^2}{r_3} - v_3^2};$$

also

$$\frac{g_0 r_0^2}{\dfrac{2 g_0 r_0^2}{r_3} - v_3^2} = \frac{r_3 + r_a}{2};$$

daraus

$$v_3^2 = \frac{2 g_0 r_0^2}{r_3} - \frac{2 g_0 r_0^2}{r_3 + r_a} = 2 g_0 r_0^2 \cdot \frac{r_a}{r_3 (r_3 + r_a)};$$

oder

$$v_3 = \sqrt{2 g_0 r_0^2 \frac{r_a}{r_3 (r_3 + r_a)}}; \quad \ldots \ldots \ldots \ldots \quad (28)$$

und ähnlich

$$v_a^2 = 2 g_0 r_0^2 \cdot \frac{r_3}{r_a (r_3 + r_a)} = v_3^2 \cdot \frac{r_3^2}{r_a^2},$$

oder

$$v_a = v_3 \cdot \frac{r_3}{r_a}.$$

Z. B. für $r_3 = 800000$ km; $r_a = 6455$ km und $g_0 r_0^2 = 400000$, ist

$$v_3 = \sqrt{800000 \cdot \frac{6455}{800000 \cdot 806455}} = 0{,}09 \text{ km/sec} = 90 \text{ m/sec}.$$

Die tangentiale Geschwindigkeitserteilung kann wiederum erfolgen durch einen Richtschuß mit

$$\frac{\Delta m}{m} = \frac{0{,}09 - 0{,}00}{1{,}0} = 0{,}09,$$

d. h. ein Geschoß von etwa $^1/_{11}$ der bisherigen Fahrzeugmasse muß mit 1000 m/sec senkrecht zur bisherigen Fahrtrichtung abgefeuert werden.

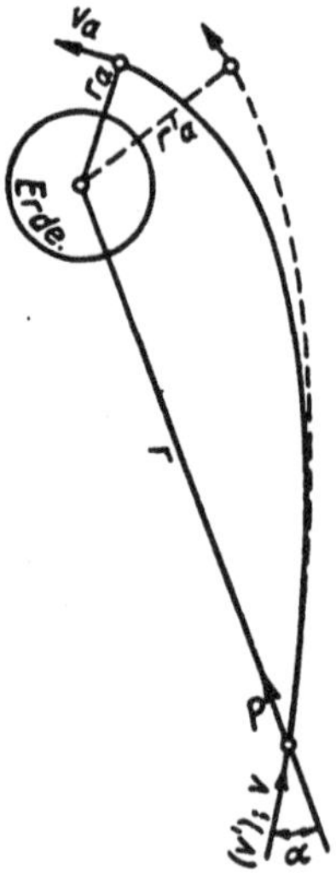

Abb. 15.

Als Geschwindigkeit v_a in der Erdnähe r_a ergibt sich dann

$$v_a = 0{,}09 \cdot \frac{800000}{6455} = \sim 11{,}1 \text{ km/sec},$$

also ungefähr ebensoviel, wie früher schon bei parabolischer Bahn angenommen war.

Da die unterwegs auszuführenden Geschwindigkeits- und Entfernungsmessungen möglicherweise mit Fehlern behaftet sein werden, so ist im weiteren Verlaufe der Fahrt eine Nachprüfung und nötigenfalls Berichtigung der Bahn erwünscht, in folgender Weise (Abb. 15):

Im Abstande r sei durch aufeinanderfolgende Messungen die Geschwindigkeit v' und die Fahrtrichtung (durch den Winkel α) festgestellt, die zu irgendeiner nicht gewünschten Erdnähe r_a' führen mögen. Soll dagegen die Erdnähe im Abstande r_a erreicht werden, so bestehen zwischen r_a, r, α und den erforderlichen Bahngeschwindigkeiten v_a und v die Beziehungen (vgl. den Schluß dieses Abschnittes):

1. Nach dem Gravitationsgesetz

$$P = -g_0 r_0^2 \frac{m}{r^2};$$

2. nach dem allgemeinen Arbeitssatz

$$\int P dr = -g_0 r_0^2 m \int \frac{dr}{r^2} = \frac{mv^2}{2} - \frac{mv_a^2}{2}$$

oder

$$+\frac{g_0 r_0^2}{r} + C = \frac{v^2}{2} - \frac{v_a^2}{2};$$

für $r = r_a$:

$$\frac{g_0 r_0^2}{r_a} + C = 0;$$

also

$$\frac{g_0 r_0^2}{r} - \frac{g_0 r_0^2}{r_a} = \frac{v^2}{2} - \frac{v_a^2}{2},$$

oder

$$v_a^2 = v^2 + 2\, g_0 r_0^2 \left(\frac{1}{r_a} - \frac{1}{r}\right);$$

3. nach dem Flächensatze:

$$v \cdot r \cdot \sin \alpha = v_a \cdot r_a,$$

oder

$$v_a^2 = \frac{v^2 r^2 \sin^2 \alpha}{r_a^2};$$

also muß sein

$$v^2 \left(\frac{r^2}{r_a^2} \sin^2 \alpha - 1\right) = 2\, g_0 r_0^2 \left(\frac{1}{r_a} - \frac{1}{r}\right) \quad \ldots \quad (29)$$

oder

$$v^2 = \frac{2\, g_0 r_0^2}{r^2 \sin^2 \alpha - r_a^2} \cdot r_a \cdot \frac{r - r_a}{r},$$

und

$$v = \sqrt{\frac{2\, g_0 r_0^2}{r^2 \sin^2 \alpha - r_a^2}\, r_a\, \frac{r - r_a}{r}} \quad \ldots \ldots \quad (30)$$

statt v'.

Ist z. B. im Abstande $r_4 = 400000$ km die Geschwindigkeit $v_4' = 1{,}415$ km/sec und der Richtungswinkel $\alpha_4 = 7^0 50'$ ermittelt (die beide einer Parabel mit der Erdnähe $r_a' = 7500$ km entsprechen würden), so ist

$$\frac{r_4^2 \sin^2 \alpha_4}{r_a} = \frac{400000^2 \cdot 0{,}137^2}{6455} = 465000 \text{ km}$$

und zur Erreichung einer Erdnähe von $r_a = 6455$ km muß nach Gleichung (30) gemacht werden

$$v_4 = \sqrt{\frac{2\, g_0 r_0^2}{r_4^2 \sin^2 \alpha_4 - r_a^2}\, r_a\, \frac{r_4 - r_a}{r_4}} =$$

$$= \sqrt{\frac{800000}{465000 - 6455} \cdot \frac{400000 - 6455}{400000}} = 1{,}31 \text{ km/sec},$$

also

$$\Delta v_4 = v_4 - v_4' = 1{,}310 - 1{,}415 - 0{,}105 \text{ km/sec},$$

d. h. die Bahnberichtigung kann wieder durch einen Richtschuß mit

$$\frac{\Delta m}{m} = \frac{\Delta v_4}{c} = \frac{0{,}105}{1{,}0} = 0{,}105$$

oder mit ungefähr $\frac{1}{9{,}5}$ der zurzeit vorhandenen Fahrzeugmasse — abzugeben in der Fahrtrichtung nach vorne — bewirkt werden.

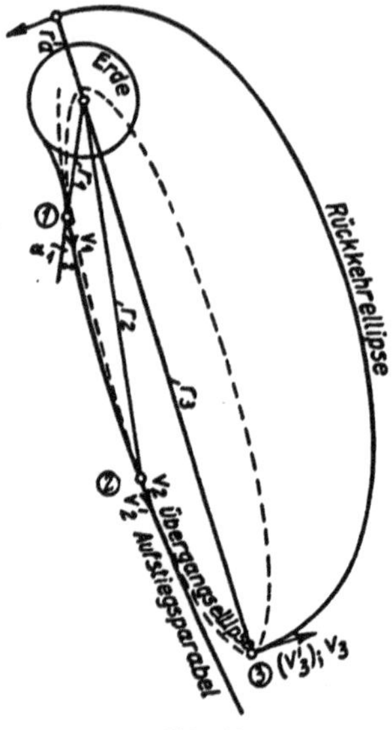

Abb. 16.

Mit Hilfe der Gleichung (29) kann schließlich auch der bisher vernachlässigte Einfluß der Erdumdrehung berücksichtigt werden. Sie erteilt dem ansteigenden Fahrzeug eine Anfangsgeschwindigkeit v_u, die am Äquator $\frac{40000 \text{ km}}{86400 \text{ sec}} = 0{,}463$ km/sec und in unserer geographischen Breite von rd. 50° etwa $0{,}463 \cdot \cos 50^0 = \sim 0{,}3$ km/sec beträgt. Die Folge ist, daß das Fahrzeug nicht in gerader Bahn ansteigt und beim Aufhören der Eigenbeschleunigung im Abstande r_1 nach Erreichung der Bahngeschwindigkeit v_1 die Fahrtrichtung nicht genau radial, sondern unter einem Winkel α_1 gegen den Radius r_1 geneigt ist, so daß

$$\sin \alpha_1 = \frac{v_u}{v_1}$$

ist (s. Abb. 16).

Mit den früher ermittelten Größen von $r_1 = 8490$ und $v_1 = 9{,}68$ km/sec würde die weitere Bahn jetzt eine flache Parabel mit der sehr geringen Erdnähe von etwa 8 km sein. Im Abstande $r_2 = 40000$ km ist auf dieser Parabelbahn die Geschwindigkeit

$$v_2' = \sqrt{\frac{2 g_0 r_0^2}{r_2}} = 4{,}46 \text{ km/sec}$$

und nach dem Flächensatze

$$v_2 r_2 \sin \alpha_2 = v_1 r_1 \sin \alpha_1,$$

also

$$\sin \alpha_2 = \sin \alpha_1 \cdot \frac{v_1 r_1}{v_2 r_2} = \frac{v_u r_1}{v_2 r_2} = \frac{0{,}3 \cdot 8490}{4{,}46 \cdot 40\,000} = 0{,}0143.$$

Wird die Bahngeschwindigkeit auch jetzt wieder durch einen Richtschuß von $c = 1$ km/sec und $\frac{\Delta m}{m} = 0{,}11$ von $v_2' = 4{,}46$ auf

$v_2 = 4{,}35$ km/sec vermindert, so ergibt sich eine flache Übergangsellipse, deren größte Erdnähe und Erdferne aus Gleichung (29) folgt:

$$\frac{v_2^2 r_2^2 \sin^2 \alpha_2}{r_3^2} - v_2^2 = \frac{2\, g_0 r_0^2}{r_3} - \frac{2\, g_0 r_0^2}{r_2};$$

$$r_3^2 \left(\frac{2\, g_0 r_0^2}{r_2} - v_2^2\right) - r_3 \cdot 2\, g_0 r_0^2 = - v_2^2 r_2^2 \sin^2 \alpha_2;$$

$$\genfrac{}{}{0pt}{}{\max}{\min} r_3 = \frac{g_0 r_0^2}{\frac{2\, g_0 r_0^2}{r_2} - v_2^2}\left[1 \pm \sqrt{1 - \left(\frac{v_2 r_2 \sin \alpha_2}{g_0 r_0^2}\right)^2 \left(\frac{g_0 r_0^2}{r_2} - v_2^2\right)}\right]; \quad \text{also}$$

$$\genfrac{}{}{0pt}{}{\max}{\min} r_3 =$$

$$= \frac{400000}{\frac{800000}{40000} - 4{,}35^2}\left[1 \pm \sqrt{1 - \left(\frac{4{,}35 \cdot 40\,000 \cdot 0{,}0143}{400\,000}\right)^2 \left(\frac{800\,000}{40000} - 4{,}35^2\right)}\right]$$

$$\genfrac{}{}{0pt}{}{\max}{\min} r_3 = 370\,500\,[1 \pm 0{,}99999];$$

d. h. die Erdnähe der Übergangsellipse ist nur etwa 4 km, also nahezu gleich Null, und die Erdferne etwa 741000 km, also nahezu gleich der früheren Steighöhe von 800000 km. Dagegen ist jetzt in diesem Abstande $r_3 = 741\,000$ km die Bahngeschwindigkeit nicht $= 0$, sondern nach dem Flächensatze

$$v_3 = \frac{v_2 r_2 \sin \alpha_2}{r_3} = \frac{4{,}35 \cdot 40000 \cdot 0{,}0143}{741\,000} = 0{,}0034 \text{ km/sec}$$
$$= 3{,}4 \text{ m/sec},$$

und zwar in tangentialer Richtung.

Zum Übergang in die gewünschte Rückkehrellipse ist statt des früheren Wertes von $v_3 = 0{,}09$ km/sec jetzt nach Gleichung (28)

$$v_3 = \sqrt{2\, g_0 r_0^2 \frac{r_a}{r_3 (r_3 + r_a)}} =$$

$$= \sqrt{800000 \cdot \frac{6455}{741\,000 \cdot 747\,455}} = 0{,}0964 \text{ km/sec} = 96{,}4 \text{ m/sec}$$

erforderlich, also

$$\Delta\, v = 96{,}4 - 3{,}4 = 93 \text{ m/sec},$$

so daß jetzt

$$\frac{\Delta\, m}{m} = \frac{\Delta\, v}{c} = 0{,}093 = \sim \frac{1}{10{,}8}$$

statt früher $^1/_{11}$; die Erdumdrehung ist also ohne großen Einfluß.

Eine innerhalb weiter Grenzen ziemlich willkürliche Gestaltung der Fahrt zwischen Aufstieg und Rückkehr bereitet nach vorstehendem keine besonderen Schwierigkeiten.

Werden zur Erzielung der gewünschten Geschwindigkeitsänderungen — wie bisher vorausgesetzt — Einzelschüsse verwendet und bezeichnet m_0 die Fahrzeugmasse vor, m_1 nach dem Schusse, so ist nach Gleichung (1)

$$\frac{\Delta m}{m} = \frac{m_0 - m_1}{m_0} = \frac{\Delta v}{c}$$

oder

$$\frac{m_0}{m_1} = \frac{1}{1 - \frac{\Delta v}{c}} \quad \ldots\ldots\ldots\ldots\ldots (31)$$

Zur Schonung des Fahrzeuges vor plötzlichen Stoßwirkungen sowie zur Verminderung des Geschützgewichtes ist es jedoch wünschenswert, jeden einzelnen erforderlichen Richtschuß durch mehrere schnell aufeinanderfolgende Schüsse zu ersetzen. Im Grenzfalle nähert sich dieses Verfahren der bereits im I. Abschnitt angewendeten Massenausstrahlung, so daß dann

$$\frac{dm}{m} = \frac{dv}{c}$$

oder allgemein

$$\ln m = \frac{v}{c} + C.$$

Ist zu Beginn der Geschwindigkeitsänderung die Masse m_0 und die Geschwindigkeit v_0, am Ende dagegen m_1 bzw. v_1, so ist also

$$\ln m_0 = \frac{v_0}{c} + C$$

$$\ln m_1 = \frac{v_1}{c} + C$$

folglich

$$\ln \frac{m_0}{m_1} = \frac{v_0 - v_1}{c} = \frac{\Delta v}{c}$$

und

$$\frac{m_0}{m_1} = e^{\frac{\Delta v}{c}} \quad \ldots\ldots\ldots\ldots\ldots (32)$$

Da hierbei niemals eine Massenzunahme, sondern stets nur eine Massenabnahme in Betracht kommt, so findet das Vorzeichen von Δv nicht in der Größe, sondern nur in der Richtung des Schusses bzw. der Ausstrahlung seinen Ausdruck.

Bei kleinen Werten von $\frac{\Delta v}{c}$ unterscheiden sich die Ergebnisse von Gleichung (31) und Gleichung (32) wenig voneinander, bei größeren dagegen ist die Ausstrahlung erheblich günstiger als der Einzelschuß; z. B.:

$$\text{für } \frac{\Delta v}{c} = 0{,}1 \text{ wird } \frac{1}{1-0{,}1} = 1{,}11 \text{ und } e^{0,1} = 1{,}105,$$

$$» \quad » = 0{,}5 \quad » \quad \frac{1}{1-0{,}5} = 2{,}0 \quad » \quad e^{0,5} = 1{,}65,$$

$$» \quad » = 0{,}9 \quad » \quad \frac{1}{1-0{,}9} = 10{,}0 \quad » \quad e^{0,9} = 2{,}46,$$

$$» \quad » = 1{,}0 \quad » \quad \frac{1}{1-1} = \infty \quad » \quad e^{1,0} = 2{,}72.$$

Um die Dauer der freien Fahrt, also die Fahrzeit vom Ende der Eigenbeschleunigung bis zum erstmaligen Eintritt in die Lufthülle, zu ermitteln, möge von dem offenbar geringfügigen Einfluß der Erdumdrehung abgesehen und außerdem angenommen werden, daß r_2 mit r_1 zusammenfalle. Die Fahrzeit zerfällt dann in zwei Abschnitte:

I) Die Zeit t_I vom Ende der Eigenbeschleunigung bei $r_1 =$ 8490 km bis zum Beginn der Rückkehrellipse bei $r_3 =$ 800000 km;

II) die Zeit t_{II} zum Durchlaufen der Rückkehrellipse von der größten Erdferne bei $r_3 = 800000$ km bis zur größten Erdnähe bei $r_a = 6455$ km.

Die Zeit t_I ist gleichbedeutend mit der Fallzeit eines Körpers ohne Anfangsgeschwindigkeit aus der Höhe $r_3 = 800000$ km bis zur Höhe $r_1 = 8490$ km. Hierbei ist zunächst an beliebiger Stelle r die Geschwindigkeit v nach Gleichung (27):

$$v = \sqrt{2\, g_0\, r_0^2 \frac{r_3 - r}{r\, r_3}}$$

oder, da hierbei $v = -\frac{dr}{dt}$:

$$-\frac{dr}{dt} = \sqrt{\frac{2\, g_0\, r_0^2}{r_3}} \cdot \sqrt{\frac{r_3 - r}{r}};$$

$$-\sqrt{\frac{2\, g_0\, r_0^2}{r_3}} \cdot t = \int \frac{\sqrt{r}\, dr}{\sqrt{r_3 - r}} + C;$$

$$-\sqrt{\frac{2\, g_0\, r_0^2}{r_3}} \cdot t = -\sqrt{r\,(r_3 - r)} + r_3 \arcsin \sqrt{\frac{r}{r_3}} + C;$$

für $r = r_3$:

$$0 = 0 + r_3 \cdot \frac{\pi}{2} + C;$$

also allgemein:

$$\sqrt{\frac{2\,g_0\,r_0^2}{r_3}}\cdot t = \sqrt{r\,(r_3 - r)} + r_3\left(\frac{\pi}{2} - \text{arc sin}\sqrt{\frac{r}{r_3}}\right),$$

und für $r = r_1$:

$$t_{\text{I}} = \sqrt{\frac{r_3}{2\,g_0\,r_0^2}}\left[\sqrt{r_1\,(r_3 - r_1)} + r_3\left(\frac{\pi}{2} - \text{arc sin}\sqrt{\frac{r_1}{r_3}}\right)\right];$$

für große Werte von r_3 gegenüber r_1 kann — wie hier —

$$\text{arc sin}\sqrt{\frac{r_1}{r_3}} = \sqrt{\frac{r_1}{r_3}}$$

gesetzt werden, so daß

$$t_{\text{I}} = \sim\sqrt{\frac{r_3}{2\,g_0\,r_0^2}}\left[\sqrt{r_1\,(r_3 - r_1)} + r_3\left(\frac{\pi}{2} - \sqrt{\frac{r_1}{r_3}}\right)\right];$$

also

$$t_{\text{I}} = \sqrt{\frac{800000}{800000}}\left[\sqrt{8490\,(800000 - 8490)} + 800000\left(\frac{3{,}1416}{2} - \right.\right.$$
$$\left.\left. - \sqrt{\frac{8490}{800000}}\right)\right] = 1\cdot[81900 + 1174400] = 1256300 \text{ sec} =$$
$$= \sim 349 \text{ Stunden.}$$

Die Zeit t_{II} zum Durchlaufen des halben Ellipsenumfanges ergibt sich aus dem Flächensatze (s. Gleichung (18a)):

$$t_{\text{II}} = \frac{a\,b\,\pi}{v_3\,r_3},$$

worin

$$a = \frac{r_3 + r_a}{2} = \frac{800000 + 6455}{2} = 403227 \text{ km}$$

und

$$b = \frac{v_3 r_3}{\sqrt{\frac{2\,g_0 r_0^2}{r_3} - v_3^2}} = \frac{0{,}09\cdot 800000}{\sqrt{\frac{800000}{800000} - 0{,}09^2}} = 72400 \text{ km},$$

also

$$t_{\text{II}} = \frac{403227\cdot 724000\cdot\pi}{0{,}09\cdot 800000} = 1272000 \text{ sec} = \sim 354 \text{ Stunden.}$$

Die Gesamtdauer der freien Fahrt ist also

$$t_{\text{I}} + t_{\text{II}} = 349 + 354 = 703 \text{ Stunden} = \sim 29^1/_3 \text{ Tage}$$

und die ganze Rundreise einschließlich Abfahrt und Landung dauert

$$703 + 22{,}6 = 725{,}6 \text{ Stunden} = \sim 30^1/_5 \text{ Tage},$$

also rd. 1 Monat.

Die bisherigen Ermittlungen ermöglichen eine genauere Abschätzung des vorläufig mit 2 t angenommenen Fahrzeuggewichtes G_1. Das Gewicht muß umfassen:

a) die mitfahrenden Menschen nebst persönlichem Zubehör,
b) den Vorrat an fester und flüssiger Nahrung,
c) den zur Warmhaltung erforderlichen Brennstoffvorrat,
d) den zur Atmung und zur Verbrennung benötigten Sauerstoffvorrat,
e) die zur Aufbewahrung der genannten Vorräte dienenden Gefäße,
f) die zur Heizung, Lüftung und Abfallbeseitigung, zu Messungen und sonstigen Beobachtungen nötigen Einrichtungen,
g) das Gewicht der für den Gleitflug mitzuführenden Spannflächen, bestehend aus Bremsfläche, Tragfläche, Höhensteuer und Fahrzeugspitze nebst den erforderlichen Traggerippen,
h) das Eigengewicht der Fahrzeugwandungen,
i) das zum Abfeuern der Richtschüsse nötige Geschütz nebst Munition.

		kg
Zu a)	Zwei Mann mittlerer Größe wiegen nebst Kleidung und sonstigem persönlichem Zubehör höchstens: $2 \cdot 100 =$ . .	200
Zu b)	Der Tagesbedarf eines Menschen an geeignet gewählter fester Nahrung und an Wasser beträgt etwa 4 kg; also für 2 Mann während eines Monats: $2 \cdot 30 \cdot 4 =$	240
Zu c)	Da das Fahrzeug seine Wärme nicht durch Leitung, sondern nur durch Strahlung an den Weltraum abgeben kann, so ist der Wärmeverlust vermutlich nicht größer als bei einem sog. Vakuumgefäß (Thermosflasche) gleicher Größe und Bauart, bei blanker Oberfläche also sehr gering. Wird außerdem die der Sonne zuzukehrende Außenfläche ganz oder teilweise schwarz gefärbt, so daß sie in erhöhtem Maße die Wärmestrahlung der Sonne aufnimmt, so wird sich die Innentemperatur wahrscheinlich ohne weitere künstliche Hilfsmittel auf einer erträglichen Höhe halten lassen. Um möglichst ungünstig zu rechnen, soll trotzdem die Wärmeabgabe ungefähr so ermittelt werden, als ob sie durch Leitung und nicht nur durch Strahlung erfolgte. Der stündliche Wärmeverlust beträgt dann $V = \Delta t \cdot f \cdot \varphi$, wobei Δt den Unterschied zwischen Innen- und Außentemperatur, f die Größe der trennenden Fläche und φ den von der Beschaffenheit der Trennungsfläche abhängigen stündlichen Wärmedurchgang durch 1 qm Fläche bei 1° Temperaturunterschied in Wärmeeinheiten bezeichnet (1 WE = Wärmemenge, die	
	Zu übertragen:	440

kg

Übertrag: 440

zur Erwärmung von 1 kg Wasser um 1° C nötig ist). Durch Auskleiden der Fahrzeugwand mit einem guten Isolierstoff — der zugleich möglichst leicht sein muß (etwa Torfmull) — wird sich eine Wärmedurchgangszahl von $\varphi = 0{,}5$ erreichen lassen. Die Fahrzeugoberfläche f ist möglichst klein zu wählen; von allen Körpern gleichen Rauminhaltes besitzt die Kugel die kleinste Oberfläche; da aber aus anderen Gründen die kleinste Fahrzeugabmessung nur etwa 1,5 m betragen soll (s. bei Abb. 13), der Raum aber für 2 Personen und die erforderlichen Vorräte im ganzen doch mindestens 4,5 m^3 fassen muß, so kann an Stelle der Kugel ein Umdrehungsellipsoid vom Durchmesser 1,6 m und der Länge 3,4 m gewählt werden mit dem Inhalt 4,55 m^3 und der Oberfläche $f = 14{,}45\ m^2$. Die Innentemperatur sei etwa +10°C; wird ferner angenommen, die der Sonnenstrahlung ausgesetzte Fahrzeugwand habe eine Außentemperatur von etwa +70°, die entgegengesetzte, dem Weltraum entsprechend, eine solche von etwa —270°, so ist die mittlere Außentemperatur ungefähr —100° und der Unterschied zwischen Innen- und Außentemperatur $\Delta t = 110°$. Der stündliche Wärmeverlust beläuft sich dann auf $V = 110 \cdot 14{,}45 \cdot 0{,}5 = 800$ WE und der tägliche Wärmeverlust auf $24 \cdot 800 = 19000$ WE. Dieser Wärmeverlust muß durch Heizung mittels eines geeigneten Brennstoffes ausgeglichen werden. Den günstigsten Heizwert besitzt Petroleum mit 11000 WE für 1 kg, so daß der tägliche Brennstoffbedarf mindestens $\frac{19000}{11000} = 1{,}7$ kg betragen würde. Angenommen wird mit Rücksicht auf das unter d) Gesagte ein Brennstoffverbrauch von 2 kg/Tag, in 30 Tagen also $30 \cdot 2 =$ 60

Zu d) Da 1 kg Petroleum zur Verbrennung 2,7 kg Sauerstoff braucht, so sind hierfür täglich $2 \cdot 2{,}7 = 5{,}4$ kg Sauerstoff erforderlich; außerdem benötigt 1 Mann zur Atmung täglich etwa 0,6 kg Sauerstoff, 2 Mann also 1,2 kg, so daß der tägliche Sauerstoffbedarf für Verbrennung und Atmung $5{,}4 + 1{,}2 = 6{,}6$ kg beträgt, der Gesamtbedarf an Sauerstoff also $30 \cdot 6{,}6 =$ 200

Der Sauerstoff ist in flüssigem Zustande in Vakuumgefäßen mitzuführen, da bei Aufbewahrung im komprimierten gasförmigen Zustande die zur Aufnahme dienenden

Zu übertragen: 700

kg

Übertrag: 700

Behälter einen sehr starken Innendruck auszuhalten hätten und infolgedessen eine sehr große Wandstärke und dementsprechend hohes Eigengewicht besitzen müßten. Der flüssige Sauerstoff hat aber eine Temperatur von etwa -190^0; wird für die Umwandlung aus dem flüssigen in den gasförmigen Zustand eine Verdampfungswärme von 500 WE/kg angenommen, für die Erwärmung des gasförmigen Sauerstoffes mit der spezifischen Wärme 0,27 von -190^0 auf $+10^0$ eine weitere Wärmemenge von $0,27 \cdot 200 = 54$ WE/kg, so werden im ganzen zur Brauchbarmachung der täglich erforderlichen 6,6 kg Sauerstoff $6,6 \cdot 554 = 3560$ WE/Tag nötig; zu ihrer Deckung genügen $\frac{3560}{11000} = 0,3$ kg Petroleum; der unter c) ermittelte Brennstoffbedarf von 1,7 kg erhöht sich also um 0,3 kg auf 2,0 kg/Tag, so daß die unter c) bereits angenommene Gesamtmenge für alle Fälle genügt.

Zu e) Die zur Aufbewahrung der Vorräte dienenden Behälter mögen für den flüssigen Sauerstoff (Vakuumgefäße) mit 0,4, für die übrigen Vorräte mit 0,2 des Gewichtes der umschlossenen Gesamtmengen angesetzt werden, im ganzen also mit $200 \cdot 0,4 + (240 + 60) \cdot 0,2 =$ 140

Zu f) Für einen zweckentsprechend gebauten Petroleumofen, für Einrichtungen zur Lüftung und Abfallbeseitigung, für Apparate zur Zeit-, Winkel- und Entfernungsmessung, sowie zu sonstigen Beobachtungen wird ein Gesamtgewicht genügen von 200

Zu g) Die für den Gleitflug erforderlichen Spannflächen setzen sich zusammen aus Bremsfläche $F = 6$ m², Tragfläche $F_0 =$ 59 m², Höhen- (zweckmäßig auch Seiten-) Steuer $= 5$ m², Fahrzeugspitze, die zur Verminderung des Gewichtes und der Wärmeabgabe getrennt von der eigentlichen Fahrzeugoberfläche anzuordnen ist, als Kegel von etwa 1,6 m Grundflächendurchmesser und 4 m Seitenlänge: $1,6\pi \cdot \frac{4,0}{2} = 10$ m²; zusammen $6 + 59 + 5 + 10 = 80$ m² je 6 kg/m² = . . . 240

Zu h) Die Oberfläche der Fahrzeugwandung beträgt nach c) 14,45 m²; das Gewicht einschließlich Wärmeisolierung kann mit 50 kg/m² angenommen werden, im ganzen also $14,45 \cdot 50 =$ 780

Zu i) Das Richtgeschütz wiege 200

so daß als Gesamtgewicht ohne Munition sich ergibt . . 2260

kg

Übertrag: 2260

Werden die allmählichen Gewichtsverminderungen während der Fahrt infolge Verbrauchs der Vorräte vernachlässigt und drei Richtschüsse von je $^1/_{10}$ der ermittelten Gesamtmasse angenommen, so ergibt sich als Anfangsgewicht nach Beendigung der Eigenbeschleunigung $G_1 = 2260 \cdot 1{,}1^3 =$ . . 3000

also eine mitzuführende Munitionsmenge von 3000 — 2260 = 740

Zu Beginn des Gleitfluges sind sämtliche Vorräte an Munition, Nahrung, Brennstoff und Sauerstoff verbraucht, das übrigbleibende Endgewicht also

$$G_1' = 3000 - 740 - 240 - 60 - 200 = 3000 - 1240 = 1760 \text{ kg}.$$

Das sich ergebende Endgewicht bei der Landung ist demnach noch etwas geringer als das im II. Abschnitt angenommene von 2 t. Dagegen beträgt das Anfangsgewicht etwa das 1,5fache des im I. Abschnitt angenommenen; infolgedessen ist auch das 1,5fache der nach dem I. Abschnitte während der Eigenbeschleunigungsdauer auszustrahlenden Antriebsmasse erforderlich, d. h. die Längenabmessungen der Abb. 4 würden sich bei sonst gleichbleibenden Verhältnissen auf das $\sqrt[3]{1{,}5}$fache vergrößern. Wird gleichzeitig der Einfluß des Luftwiderstandes beim Aufstieg mitberücksichtigt, der nach den Untersuchungen am Schlusse des I. Abschnittes eine Erhöhung der Anfangsmasse m_0 im Verhältnis $\frac{933}{825}$ nötig machte, so ist die erforderliche lineare Vergrößerung der Abb. 4 gegeben durch

$$\sqrt[3]{1{,}5 \cdot \frac{933}{825}} = \sqrt[3]{1{,}69} = 1{,}192,$$

so daß für $c = 2000$ m/sec und $ac = 30$ m/sec²

die Turmhöhe	27 $\cdot$ 1,192 = ∼ 32	m,
der untere Turmdurchmesser	18,7 $\cdot$ 1,192 = ∼ 22	»
der obere Turmdurchmesser	0,65 $\cdot$ 1,192 = ∼ 0,77	»

und das Gesamtgewicht zu Beginn des Aufstieges

$$G_0 = G_1 \cdot \frac{m_0}{m_1} = 3 \cdot 933 = 2799 \text{ Tonnen}$$

betragen muß.

Die durch die Notwendigkeit der Gewichtsersparnis gebotene Anordnung nur eines Richtgeschützes setzt voraus, daß das Fahrzeug je nach der gewünschten Geschützlage beliebig gedreht werden kann.

Dies ist möglich, wenn ein Teil der im Fahrzeug enthaltenen Massen in entgegengesetzter Richtung gedreht wird, etwa dadurch, daß die Insassen an zu diesem Zweck eingebauten Leitersprossen die Fahrzeugwände von innen umklettern. Bewegen sich hierbei die lebenden Massen m_l mit einer Winkelgeschwindigkeit ω_l in einem durchschnittlichen Abstande x_l vom Fahrzeugschwerpunkte, die toten Massen m_t mit einer entgegengesetzten Winkelgeschwindigkeit ω_t in einem mittleren Schwerpunktsabstande x_t, so muß nach dem allgemeinen Flächensatze das statische Moment der Bewegungsgröße ($\Sigma m v$) — oder der Drall — des ganzen Körpers Null bleiben:

$$\Sigma m v x = 0, \text{ oder, da } v = x \cdot \omega,$$

$$\Sigma m \omega x^2 = 0$$

oder

$$m_t \cdot \omega_t \cdot x_t^2 = m_l \cdot \omega_l \cdot x_l^2;$$

also

$$\frac{\omega_t}{\omega_l} = \frac{m_l \cdot x_l^2}{m_t \cdot x_t^2}; \quad \ldots\ldots\ldots\ldots\ldots \quad (33)$$

d. h. die Winkelgeschwindigkeiten verhalten sich umgekehrt wie die Trägheitsmomente der sich gegeneinander drehenden Massen. Wird für die Insassen ein Gesamtgewicht von 140 kg angenommen, so daß

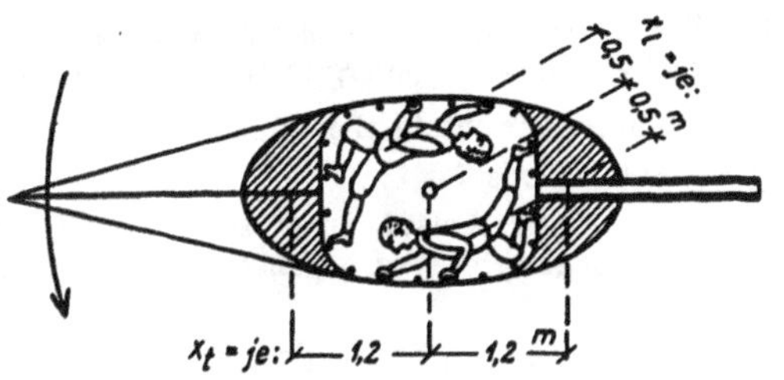

Abb. 17.

als totes Fahrzeuggewicht im ungünstigsten Falle (zu Beginn der freien Fahrt) $3000 - 140 = 2860$ kg verbleibt, so ergibt sich mit den in Abb. 17 angegebenen durchschnittlichen Schwerpunktsabständen:

$$\frac{\omega_t}{\omega_l} = \frac{140 \cdot 0{,}5^2}{2860 \cdot 1{,}2^2} = \sim \frac{1}{120}.$$

Um also eine ganze Umdrehung des Fahrzeuges zu bewirken, müssen die Insassen etwa 120 mal die Fahrzeugwand umklettern, für ½ Umdrehung 60 mal, für ¼ Umdrehung 30 mal usw.; da sie hierbei eine Art Schweregefühl unter den Händen und Füßen empfinden, so wird diese Kletterübung willkommene Abwechslung in ihr sonst so schwereloses Dasein bringen. Bewegen sie dabei ihre Schwerpunkte mit einer Geschwindigkeit von 0,5 m/sec, so brauchen sie zu einer Umkletterung etwa $\frac{1{,}0\pi}{0{,}5} = 6$ sec, zu ¼ Fahrzeugumdrehung also $30 \cdot 6 = 180$ sec. Da im Abstande $r_2 = 40000$ km vom Erdmittelpunkte, wo ja der erste Richtschuß abgegeben werden sollte, die Bahngeschwindigkeit ungefähr 4,46 km/sec beträgt, so wird eine Strecke von $4{,}46 \cdot 180 = 800$ km zurückgelegt, bis das vorher bereits quergestellte Fahrzeug in die der erforderlichen Geschwindigkeitsänderung Δv_2 entsprechende Lage (Geschütz hinten oder vorne je nach $\pm$-Vorzeichen von Δv_2) gebracht ist. Gegenüber dem ganzen Abstande von 40000 km macht dieser Unterschied von 800 km also nicht viel aus.

Ähnlich kann die besonders für die richtige Einstellung der Tragflächen vor Beginn des Gleitfluges wichtige Drehung um die Hauptachse des Ellipsoides bewirkt werden, jedoch schneller, da in diesem Falle die toten Fahrzeugmassen weniger weit von der Drehachse entfernt sind.

Am Schlusse dieses Abschnittes möge der Vollständigkeit wegen eine kurze Ableitung der im vorhergehenden bereits mehrfach angewendeten und im folgenden noch öfters heranzuziehenden Gesetze der Gravitationsbewegungen ihren Platz finden.

1. Beobachtungstatsache: Die Planeten beschreiben um die Sonne annähernd kreisförmige Bahnen.

2. Beschreibt ein Körper von der Masse m eine kreisförmige Bahn mit dem Radius r und der Bahngeschwindigkeit v, so ergibt sich seine nach dem Kreismittelpunkte gerichtete »Zentripetal«-Beschleunigung $\frac{dv_r}{dt}$ nach Abb. 18 wie folgt:

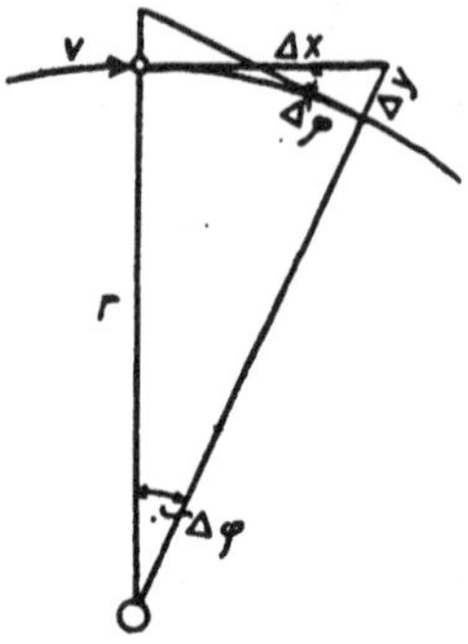

Abb. 18.

Nach Ablauf einer sehr kleinen Zeit Δt ist der zurückgelegte Weg gegeben durch die Komponenten

$$\Delta x = v \cdot \Delta t \text{ oder } \Delta t = \frac{\Delta x}{v},$$

und

$$\Delta y = \frac{dv_r}{dt} \cdot \frac{(\Delta t)^2}{2} = \frac{dv_r}{dt} \cdot \frac{(\Delta x)^2}{2v^2};$$

außerdem folgt aus der Ähnlichkeit der rechtwinkeligen Dreiecke mit dem Winkel $\Delta\varphi$:

$$\Delta y = \frac{\Delta x}{2} \cdot \frac{\Delta x}{r} = \frac{(\Delta x)^2}{2r}.$$

Durch Vergleich der beiden Ausdrücke für Δy ergibt sich

$$\frac{dv_r}{dt} = \frac{v^2}{r},$$

oder, wenn die Zentripetalbeschleunigung durch eine Zentralkraft P hervorgerufen gedacht wird:

$$P = -m \cdot \frac{v^2}{r} \quad \ldots\ldots\ldots\ldots\ldots \quad (34)$$

(negativ, weil P nach innen, also r entgegengesetzt, gerichtet ist).

3. Beobachtungstatsache: Die Quadrate der Umlaufszeiten T_1 und T_2 zweier Planeten verhalten sich wie die Kuben ihrer Sonnenabstände r_1 und r_2 (Abb. 19); oder

$$\frac{T_1^2}{T_2^2} = \frac{r_1^3}{r_2^3}.$$

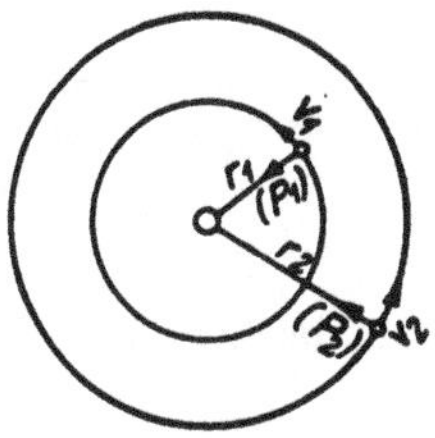

Abb. 19.

Sind v_1 und u_2 die zugehörigen Bahngeschwindigkeiten, so ist

$$T_1 = \frac{2 r_1 \pi}{v_1} \text{ und } T_2 = \frac{2 r_2 \pi}{v_2},$$

also

$$\frac{r_1^2}{v_1^2} \cdot \frac{v_2^2}{r_1^2} = \frac{r_1^3}{r_2^3}$$

oder

$$\frac{v_2^2}{v_1^2} = \frac{r_1}{r_2} \quad \ldots \ldots \ldots \ldots \quad (35)$$

4. Aus Gleichung (34) und Gleichung (35) folgt:

$$\frac{P_1}{P_2} = \frac{\frac{m_1 v_1^2}{r_1}}{\frac{m_2 v_2^2}{r_2}} = \frac{m_1 v_1^2 r_2}{m_2 v_2^2 r_1} = \frac{m_1 r_2^2}{m_2 r_1^2}$$

und infolgedessen

$$\left.\begin{aligned} P_1 &= -\mu \cdot \frac{m_1}{r_1^2} \\ P_2 &= -\mu \cdot \frac{m_2}{r_2^2} \end{aligned}\right\}$$

(negativ, weil P gegen das Zentrum gerichtet ist, während r vom Zentrum nach außen gemessen wird);

oder allgemein das Gravitationsgesetz:

$$P = -\mu \cdot \frac{m}{r^2}, \quad \ldots \ldots \ldots \ldots \quad (36)$$

wo μ einen für jedes Anziehungszentrum noch zu bestimmenden Verhältniswert bezeichnet.

5. Für die Sonne als Anziehungszentrum ergibt sich der Wert μ aus der Tatsache, daß die Erde in einem mittleren Abstande von $r_e = 149\,000\,000$ km sich in $T_e = 365$ Tagen um die Sonne bewegt, also mit einer mittleren Bahngeschwindigkeit von

$$v_e = \frac{2 r_e \pi}{T_e} = \frac{2 \cdot 149\,000\,000 \cdot \pi}{365 \cdot 86\,400} = 29{,}7 \text{ km/sec},$$

so daß nach Gleichung (34) und Gleichung (36):

$$-P = m_e \cdot \frac{v_e^2}{r_e} = \mu \cdot \frac{m_e}{r_e^2},$$

oder

$$\mu = v_e^2 \cdot r_e = (29{,}7 \text{ km/sec})^2 \cdot 149\,000\,000 \text{ km},$$

$$\mu = 132\,000\,000\,000 \, \frac{\text{km}^3}{\text{sec}^2}. \quad \ldots \ldots \ldots \ldots \quad (37)$$

6. Für die Erde als Anziehungszentrum ergibt sich μ aus der Tatsache, daß der Mond im Abstande $r_m = 392\,000$ km sich in 28 Tagen um die Erde bewegt, also mit einer Bahngeschwindigkeit von

$$v_m = \frac{2 r_m \pi}{T_m} = \frac{2 \cdot 392\,000 \, \pi}{28 \cdot 86\,400} = 1{,}01 \text{ km/sec},$$

so daß

$$\mu = v_m{}^2 \cdot r_m = 1{,}01^2 \cdot 392\,000 = 400\,000 \frac{\text{km}^3}{\text{sec}^2} \quad \ldots\ldots\ldots \quad (38)$$

7. An der Erdoberfläche mit $r_0 = 6380$ km müßte demnach die irdische Zentralkraft nach Gleichung (36) sein:

$$P_0 = \frac{\mu \cdot m}{r_0{}^2} = \frac{400\,000}{6380^2} \cdot m;$$

oder die Zentralbeschleunigung

$$g_0 = \frac{\mu}{r_0{}^2} = \frac{400\,000}{6380^2} = 0{,}0098 \text{ km/sec}^2 = 9{,}8 \text{ m/sec}^2;$$

das ist nichts anderes als die durch Beobachtungen beim freien Fall festzustellende irdische Fall- oder Schwerbeschleunigung, aus der auch unmittelbar folgen würde

$$\mu = g_0\, r_0{}^2 = 0{,}0098 \cdot 6380^2 = 400\,000 \frac{\text{km}^3}{\text{sec}^2}.$$

8. Flächensatz. Für jede Zentralbewegung, d. h. für die Bewegung eines Massenpunktes unter der Einwirkung einer stets nach dem gleichbleibenden Mittelpunkte gerichteten Kraft P gilt folgendes:

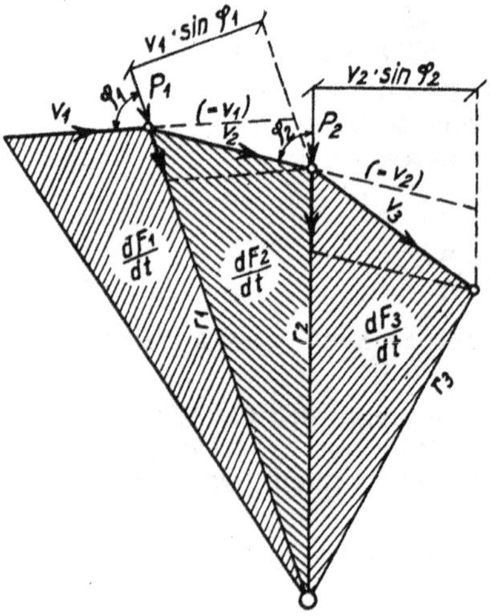

Abb. 20.

Im Abstande r_1 ändert sich die Bahngeschwindigkeit v_1 nach Größe und Richtung infolge der durch die Kraft P_1 bewirkten Zentralbeschleunigung. Die neue Geschwindigkeit v_2 kann als Diagonale eines Geschwindigkeitsparallelogramms aufgefaßt werden. Die vom Fahrstrahl r bestrichene Fläche ist nach Abb. 20 in der Zeiteinheit:

bei einer Bahngeschwindigkeit v_1:

$$\frac{d\,F_1}{d\,t} = \frac{r_1 \cdot v_1 \sin \varphi_1}{2},$$

bei einer Bahngeschwindigkeit v_2:

$$\frac{d\,F_2}{d\,t} = \frac{r_1 \cdot v_1 \sin \varphi_1}{2}.$$

In gleicher Weise kann die im darauffolgenden Abstande r_2 aus v_2 und der Zentralbeschleunigung infolge P_2 sich ergebende Bahngeschwindigkeit v_3 als Diagonale eines Geschwindigkeitsparallelogramms aufgefaßt werden. Die vom Fahrstrahl r in der Zeiteinheit bestrichene Fläche ist dann:

bei einer Bahngeschwindigkeit v_2: $\dfrac{d\,F_2}{d\,t} = \dfrac{r_2 \cdot v_2 \sin \varphi_2}{2}$,

» » » v_3: $\dfrac{d\,F_3}{d\,t} = \dfrac{r_2 \cdot v_2 \sin \varphi_2}{2}$.

Daraus folgt, daß

$$\frac{d\,F_1}{d\,t} = \frac{d\,F_2}{d\,t} = \frac{d\,F_3}{d\,t} = \text{unveränderlich} \quad \ldots\ldots\ldots \quad (39)$$

ist; d. h. in der Zeiteinheit werden vom Fahrstrahl gleiche Flächen bestrichen.

9. **Arbeitssatz.** An jeder Stelle der Bahn kann nach Abb. 21 die Kraft P zerlegt werden in zwei Seitenkräfte mit feststehenden Richtungen X und Y, so daß

$$X = m \cdot \frac{d v_x}{d t} \quad \text{und} \quad Y = m \cdot \frac{d v_y}{d t};$$

wobei
$$\frac{d x}{d t} = v_x \quad » \quad \frac{d y}{d t} = v_y;$$

daraus
$$X \cdot d x = m v_x d v_x \quad » \quad Y \cdot d y = m v_y d v_y;$$

$$\int X d x = \frac{m v_x^2}{2} - \frac{m v_{ax}^2}{2}; \int Y d y = \frac{m v_y^2}{2} - \frac{m v_{ay}^2}{2};$$

oder, da
$$v^2 = v_x^2 + v_y^2,$$

zwischen zwei Punkten mit den Bahngeschwindigkeiten v_a und v:

$$\int X d x + \int Y d y = \frac{m v^2}{2} - \frac{m v_a^2}{2}.$$

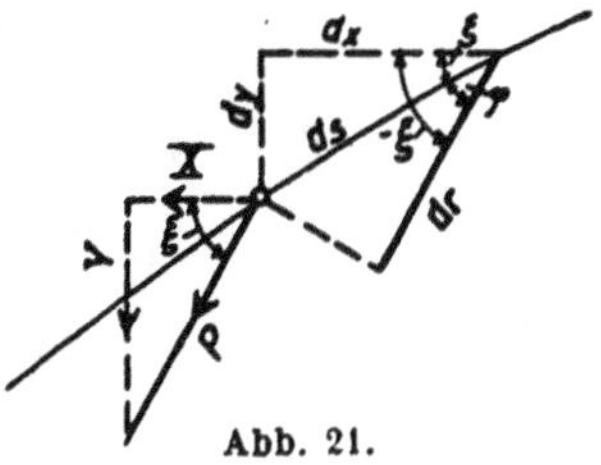

Abb. 21.

Ferner ist nach Abb. 21:

$$X = P \cdot \cos \xi; \quad d x = d s \cdot \cos \zeta; \quad d s = \frac{d r}{\cos \varphi};$$
$$Y = P \cdot \sin \xi; \quad d y = d s \cdot \sin \zeta;$$

also
$$\int P (\cos \xi \cos \zeta + \sin \xi \sin \zeta) \frac{d r}{\cos \varphi} = \frac{m v^2}{2} - \frac{m v_a^2}{2},$$

oder, da $\cos \xi \cos \zeta + \sin \xi \sin \zeta = \cos (\xi - \zeta) = \cos \varphi$:

$$\int P d r = \frac{m v^2}{2} - \frac{m v_a^2}{2}. \quad \ldots\ldots\ldots\ldots \quad (40)$$

10. **Anwendung auf eine beliebige Gravitationsbewegung.** Ist nach Abb. 22 Z das Anziehungszentrum, v_a die Bahngeschwindigkeit eines Körpers in seinem geringsten Abstande r_a, v die Bahngeschwindigkeit in einem beliebigen Abstande r mit den Geschwindigkeitskomponenten $\frac{d r}{d t}$ in der Fahrstrahlrichtung, $r \cdot \frac{d \varphi}{d t}$ in der zum Fahrstrahl r senkrechten Richtung, so ist

nach dem Gravitationsgesetz Gleichung (36):

$$P = - \frac{\mu \cdot m}{r^2};$$

nach dem Arbeitssatz Gleichung (40):

$$\int P d r = - \mu m \int \frac{d r}{r^2} = \frac{m v^2}{2} - \frac{m v_a^2}{2},$$

oder
$$+ \frac{\mu}{r} + C = \frac{v^2}{2} - \frac{v_a^2}{2};$$

für $r = r_a$:
$$\frac{\mu}{r_a} + C = 0$$

also
$$\frac{\mu}{r} - \frac{\mu}{r_a} = \frac{v^2}{2} - \frac{v_a^2}{2}$$

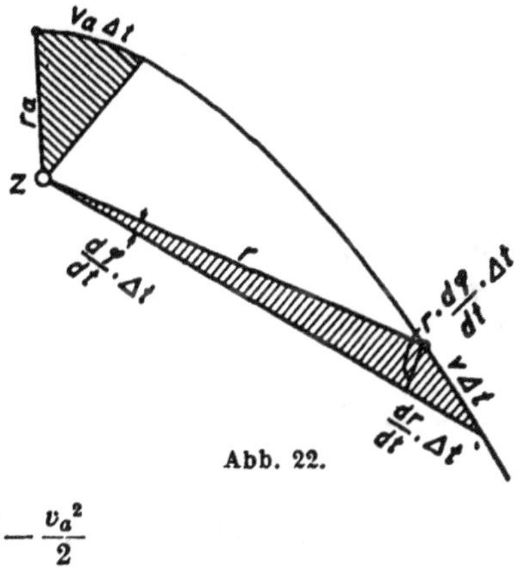

Abb. 22.

oder

$$v^2 = v_a^2 + \frac{2\mu}{r} - \frac{2\mu}{r_a}; \quad \text{(41)}$$

nach dem Flächensatz Gleichung (39):

$$\frac{v_a \cdot \Delta t \cdot r_a}{2} = \left(r + \frac{dr}{dt} \cdot \Delta t\right) \cdot \frac{r}{2} \cdot \frac{d\varphi}{dt} \cdot \Delta t;$$

daraus

$$\frac{d\varphi}{dt} = \frac{v_a \cdot r_a}{r^2 + r\frac{dr}{dt} \cdot \Delta t};$$

oder für $\Delta t = dt = 0$:

$$\frac{d\varphi}{dt} = \frac{v_a r_a}{r^2}; \quad \text{(42)}$$

nach Pythagoras:

$$(v \Delta t)^2 = \left(\frac{dr}{dt} \cdot \Delta t\right)^2 + \left(r\frac{d\varphi}{dt} \cdot \Delta t\right)^2$$

oder

$$v^2 = \left(\frac{dr}{dt}\right)^2 + r^2\left(\frac{d\varphi}{dt}\right)^2 = \left(\frac{dr}{dt}\right)^2 + \frac{v_a^2 r_a^2}{r^2};$$

durch Vergleich mit Gleichung (41):

$$\left(\frac{dr}{dt}\right)^2 = v_a^2 + \frac{2\mu}{r} - \frac{2\mu}{r_a} - \frac{v_a^2 r_a^2}{r^2};$$

ferner aus Gleichung (42):

$$\left(\frac{d\varphi}{dt}\right)^2 = \frac{v_a^2 r_a^2}{r^4};$$

folglich

$$\left(\frac{dr}{d\varphi}\right)^2 = \frac{r^4}{v_a^2 r_a^2}\left(v_a^2 - \frac{2\mu}{r_a} + \frac{2\mu}{r} - \frac{v_a^2 r_a^2}{r^2}\right)$$

oder

$$\frac{dr}{d\varphi} = r\sqrt{\frac{v_a^2 - \frac{2\mu}{r_a}}{v_a^2 r_a^2} r^2 + \frac{2\mu}{v_a^2 r_a^2} r - 1}. \quad \text{(43)}$$

11. Ellipsengleichung (s. Abb. 23):

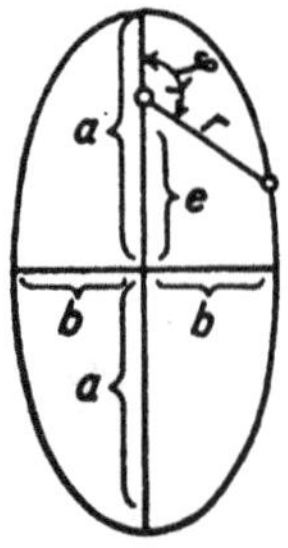

Abb. 23.

$$r = \frac{b^2}{a + e\cos\varphi}, \text{ wobei } e^2 = a^2 - b^2 \text{ oder } a^2 - e^2 = b^2.$$

$$\frac{dr}{d\varphi} = \frac{b^2 \cdot e \cdot \sin\varphi}{(a + e\cos\varphi)^2};$$

hierin kann gesetzt werden

$$\frac{b^2}{(a + e\cos\varphi)^2} = \frac{r^2}{b^2}$$

und

$$e\sin\varphi = \sqrt{e^2 - e^2\cos^2\varphi},$$

ferner

$$e^2\cos^2\varphi = \left(\frac{b^2}{r} - a\right)^2 = \frac{b^4}{r^2} - \frac{2ab^2}{r} + a^2,$$

also

$$e\sin\varphi = \sqrt{e^2 - a^2 + \frac{2ab^2}{r} - \frac{b^4}{r^2}} = \sqrt{-b^2 + \frac{2ab^2}{r} - \frac{b^4}{r^2}};$$

folglich wird

$$\frac{dr}{d\varphi}=\frac{r^2}{b^2}\sqrt{-b^2+\frac{2ab^2}{r}-\frac{b^4}{r^2}}$$

oder

$$\frac{dr}{d\varphi}=r\sqrt{-\frac{1}{b^2}r^2+\frac{2a}{b^2}r-1}. \quad \ldots \quad (44)$$

12. Durch Vergleich der Ausdrücke Gleichung (43) und Gleichung (44) für $\frac{dr}{d\varphi}$ folgt, daß die Bahn eines unter dem Gravitationsgesetze (Gleichung (36)) sich bewegenden Körpers eine Ellipse darstellt, für welche

$$-\frac{1}{b^2}=\frac{v_a^2-\frac{2\mu}{r_a}}{v_a^2 r_a^2},$$

und

$$\frac{2a}{b^2}=\frac{2\mu}{v_a^2 r_a^2};$$

folglich

$$a=\frac{\mu}{\frac{2\mu}{r_a}-v_a^2}; \quad \ldots \quad (45)$$

ferner

$$b^2=a\frac{v_a^2 r_a^2}{\mu}=\frac{v_a^2 r_a^2}{\frac{2\mu}{r_a}-v_a^2},$$

also

$$b=v_a r_a\sqrt{\frac{a}{\mu}}=\frac{v_a r_a}{\sqrt{\frac{2\mu}{r_a}-v_a^2}}; \quad \ldots \quad (46)$$

außerdem ist

$$e^2=a^2-b^2=a^2-a\frac{v_a^2 r_a^2}{\mu};$$

durch Hinzufügen von

$$0=+2ar_a-2ar_a$$

ergibt sich

$$e^2=a^2-2ar_a+\frac{r_a^2\cdot a}{\mu}\left(\frac{2\mu}{r_a}-v_a^2\right),$$

oder, da

$$\frac{1}{\mu}\cdot\left(\frac{2\mu}{r_a}-v_a^2\right)=\frac{1}{a} \text{ ist:}$$

$$e^2=a^2-2ar_a+r_a^2=(a-r_a)^2;$$

also

$$e=\pm(a-r_a);$$

d. h. der Brennpunkt der Ellipse (Abb. 23) fällt mit dem Anziehungszentrum Z (Abb. 22) zusammen.

13. Solange $\frac{2\mu}{r_a}-v_a^2>0$ ist, bleibt a positiv und b reell, d. h. die Bahn bleibt eine Ellipse.

Ist $\frac{2\mu}{r_a}-v_a^2=0$, so wird $a=\infty$ und $b=\infty$, d. h. die Bahn wird eine Parabel.

Ist $\frac{2\mu}{r_a} - v_a^2 < 0$, so wird a negativ und b imaginär, d. h. die Bahn wird eine Hyperbel.

Soll $a = r_a$ werden, so muß sein

$$r_a = \frac{\mu r_a}{\frac{2\mu}{r_a} - v_a^2},$$

oder

$$2\mu - v_a^2 r_a = \mu;$$

also

$$v_a^2 = \frac{\mu}{r_a};$$

in diesem Falle ist die Bahn ein Kreis.

14. Die Zeit zum Durchlaufen der Ellipse ergibt sich aus dem Flächensatze Gleichung (39):

$$\frac{dF}{dt} = \text{konstant} = \frac{v_a r_a}{2}:$$

$$F = \frac{v_a r_a}{2} \cdot t = a b \pi;$$

also

$$t = \frac{2 a b \pi}{v_a r_a}; \quad \text{(47)}$$

wird hierin nach Gleichung (46) der Wert

$$b = v_a r_a \sqrt{\frac{a}{\mu}}$$

eingesetzt, so folgt:

$$t = 2 a \pi \sqrt{\frac{a}{\mu}} = 2 \pi \sqrt{\frac{a^3}{\mu}}. \quad \text{(48)}$$

IV.

Umfahrung anderer Himmelskörper.

Eine Umfahrung des Mondes, etwa zur Erforschung seiner uns unbekannten Rückseite, wird sich wenig von der im III. Abschnitt untersuchten freien Raumfahrt unterscheiden, so lange man ihm nicht so nahe kommt, daß seine Anziehungskraft neben der irdischen (von der sie bei gleicher Entfernung nur ungefähr den 80. Teil ausmacht) von merklichem Einfluß wird. Da während der 30tägigen Fahrtdauer auch der Mond annähernd eine einmalige Umkreisung der Erde vollzieht, so handelt es sich hierbei nicht um eine eigentliche Umfahrung, sondern um eine Bahnkreuzung, die etwa nach Abb. 24 vorgenommen werden könnte, in welcher *E* die Erde, *M* den Mond, *F* das Fahrzeug bezeichnet und die beigeschriebenen Zahlen die gleichzeitig eintretenden Mond- bzw. Fahrzeugstellungen andeuten. Die größte Mondnähe beträgt daher etwa die Hälfte der größten Erdferne, die verhältnismäßig größte Mondanziehung also ungefähr $\frac{4}{80} = \frac{1}{20}$ der gleichzeitigen Erdanziehung. Ihr Einfluß soll hier nicht weiter untersucht werden.

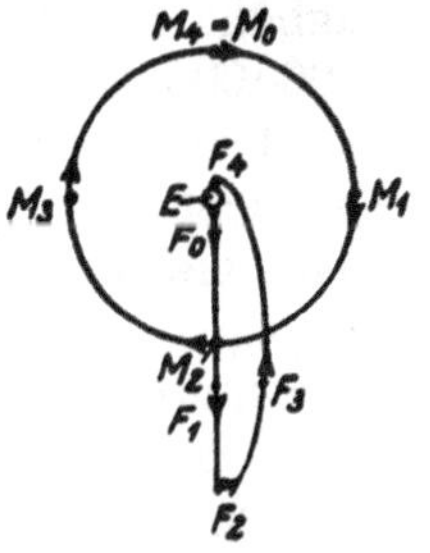

Abb. 24.

In den bisherigen Betrachtungen war nur die Erdanziehung berücksichtigt worden, die Sonnenanziehung aber unbeachtet geblieben deshalb, weil das Fahrzeug die etwa 30 km/sec betragende Bahnbewegung der Erde um die Sonne mitmacht. Streng genommen ist dies nur in dem Augenblicke richtig, in welchem das Fahrzeug relativ zur Erde ruht, also unmittelbar bei Erreichung der größten Steighöhe r_3, und auch dann nur, wenn der Ruhepunkt auf der Erdbahn, d. h. im gleichen Abstande von der Sonne wie die Erde selbst, liegt. Angenommen, das Fahrzeug verlasse die Erde tangential zur Erdbahn mit einer Geschwindigkeit von 10 km/sec relativ zur Erde, dann ist seine Geschwindigkeit relativ zur Sonne entweder $30 + 10 = 40$ oder $30 - 10 = 20$ km/sec, je nachdem, ob es im Sinne der Erdbewegung oder im entgegengesetzten Sinne aufsteigt. Im letzteren Falle ist seine eigene augenblickliche Bahn infolge der Sonnenanziehung stärker, im ersteren Falle weniger stark gekrümmt als die Erdbahn. Da aber die Fahrzeuggeschwindigkeit relativ zur Erde sich infolge der Erdanziehung schnell vermindert und die ganze bisher betrachtete Steigezeit sich nur über 15 Tage, d. i. etwa $^1/_{24}$ des Erdumlaufes, erstreckt, so weicht die Fahrzeugbahn innerhalb des betrachteten Bereiches kaum merklich von der Erdbahn ab. Ist dagegen der Aufstieg radial zur Erdbahn erfolgt, so ist im Augenblicke der erreichten Steighöhe r_3 zwar die Bahngeschwindigkeit des Fahrzeuges relativ zur Sonne gleich derjenigen der Erde, aber der Fahrzeugabstand von der Sonne größer oder kleiner als der Erdabstand von der Sonne, je nachdem der Aufstieg von der Sonne weg oder zur Sonne hin erfolgt ist. Im letzteren Falle ist wieder die augenblickliche Fahrzeugbahn infolge der Sonnenanziehung stärker, im ersteren Falle weniger stark gekrümmt, als die Erdbahn. Da aber die bisher betrachtete Steighöhe von 800000 km gegenüber dem Sonnenabstande von etwa 150000000 km nur unbedeutend ist, so ist die Abweichung innerhalb des betrachteten kurzen Bereiches auch in diesem Falle kaum merklich. In welcher Richtung der Aufstieg von der Erde erfolgt, ist also zunächst an sich gleichgültig. Es wird sich aber immer empfehlen, ihn unmittelbar gegen die Sonne zu richten, damit der zur Entfernungs- und Geschwindigkeitsmessung benötigte Anblick der Erdkugel sich in vollem Umfange und in möglichst heller Beleuchtung bietet. Die in dieser Richtung erreichte Steighöhe von $r_3 = 800000$ km sei daher stets als Ausgangspunkt für die weiteren Untersuchungen gewählt, auch wenn der Abstand r_3 gegenüber dem Sonnenabstande vernachlässigt wird.

Wird in diesem Abstande r_3 die tangentiale Bahngeschwindigkeit v_3 nicht wie im III. Abschnitt (s. Abb. 14) $= 0{,}09$ km/sec, sondern etwa $= 3$ km/sec gemacht, so ergibt sich unter dem Einfluß der Erdanziehung allein keine elliptische, sondern, da jetzt

$$\frac{2\mu}{r_3} - v_3^2 = \frac{2 \cdot 400000}{800000} - 3^2 = -8$$

ist, eine sehr flache hyperbolische Bahn, auf welcher sich das Fahrzeug mit nahezu gleichbleibender Geschwindigkeit immer mehr aus dem praktisch wirksamen Bereiche der irdischen Schwerkraft entfernt, bis es schließlich — gewissermaßen als selbständiger Komet — nur noch der Sonnenanziehung unterworfen bleibt. Im Ausgangspunkte ist die tangentiale Bahngeschwindigkeit relativ zur Sonne $v_I = 29{,}7 \pm 3{,}0 = 32{,}7$ bzw. $26{,}7$ km/sec, je nachdem die Geschwindigkeitserteilung v_3 im Sinne der irdischen Bahnbewegung von 29,7 km/sec oder entgegengesetzt erfolgt ist. In beiden Fällen beschreibt das Fahrzeug um die Sonne eine Ellipse, die im ersteren Falle außerhalb, im letzteren Falle innerhalb der Erdbahn verläuft.

Soll die vom Fahrzeug beschriebene Ellipse außer der Erdbahn mit dem Sonnenabstande r_I noch die Bahn eines Planeten mit dem Sonnenabstande r_{II} berühren (s. Abb. 25), so ist die große Halbachse der Ellipse

$$a = \frac{r_I + r_{II}}{2};$$

außerdem ist nach Gleichung (45)

$$a = \frac{\mu}{\frac{2\mu}{r_I} - v_I^2};$$

also

$$\frac{2\mu}{r_I} - v_I^2 = \frac{2\mu}{r_I + r_{II}};$$

daraus

$$v_I^2 = \frac{2\mu}{r_I + r_{II}} \cdot \frac{r_{II}}{r_I};$$

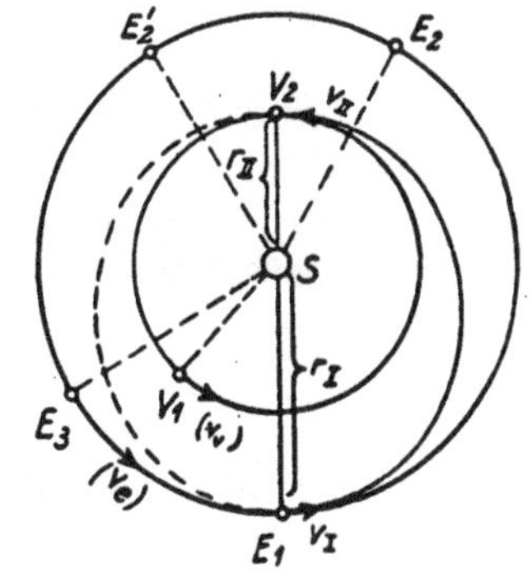

Abb. 25.

oder

$$v_I = \sqrt{\frac{2\mu}{r_I + r_{II}} \cdot \frac{r_{II}}{r_I}} \quad \ldots\ldots\ldots\ldots \quad (49)$$

Der mittlere Erdabstand von der Sonne ist $r_I = 149000000$ km, der mittlere Venusabstand beispielsweise $r_{II} = 108000000$ km. Da ferner für die Sonne nach Gleichung (37) $\mu = 132000000000$ km³/sec² ist, so muß für eine Fahrt bis in die Nähe der Venus sein

$$v_I = \sqrt{\frac{264000}{257} \cdot \frac{108}{149}} = 27{,}3 \text{ km/sec.}$$

Nun ist aber die Bahngeschwindigkeit der Erde $v_e = 29{,}7$ km/sec; demnach ist der dem Fahrzeuge nach Erreichung seiner Steighöhe zu erteilende Geschwindigkeitsunterschied

$$\Delta v_I = v_I - v_e = 27{,}3 - 29{,}7 = -2{,}4 \text{ km/sec.}$$

Er könnte erteilt werden durch einen tangentialen Richtschuß von der Masse

$$\Delta m = m \cdot \frac{\Delta v_I}{c},$$

worin m die Fahrzeugmasse vor dem Schuß und c die Geschoßgeschwindigkeit bedeutet. In diesem Falle kommt man allerdings mit dem im III. Abschnitt für die Richtschüsse angenommenen Werte von $c = 1$ km/sec nicht mehr aus; zudem würde ein einmaliger Schuß von der erforderlichen Stärke durch die plötzliche Stoßwirkung das Fahrzeug und seine Insassen gefährden. Deshalb muß hier auf das im I. Abschnitt angewendete Verfahren der allmählichen Massenausstrahlung mit der Mindestgeschwindigkeit $c = 2$ km/sec zurückgegriffen werden.

Dann ist das Verhältnis zwischen der Gesamtmasse vor und nach der Ausstrahlung nach Gleichung (32):

$$\frac{m_0}{m_1} = e^{\left(\frac{\Delta v}{c}\right)}.$$

Da aber während des anfänglichen Nebeneinanderlaufens von Fahrzeug und Planet Bahnstörungen unvermeidlich sind, so muß zur entsprechenden Bahnberichtigung noch ein Sicherheitsfaktor[1]), etwa $\nu =$ 1,1, hinzugefügt werden. Somit ist erforderlich:

$$\left(\frac{m_0}{m_1}\right)_I = \nu \cdot e^{\frac{\Delta v_1}{c}} = 1{,}1 \cdot e^{\frac{2{,}4}{2{,}0}} = 1{,}1 \cdot e^{1{,}20} = 3{,}65,$$

und zwar muß die Ausstrahlung in der Richtung der irdischen Bahnbewegung, also nach vorn, erfolgen. Die Reisedauer zum Befahren des

---

[1]) Diese Bahnstörungen können beseitigt werden durch Massenausstrahlungen $\frac{dm}{dt} = -am$ (s. Gleichung (1c)), die genau gegen den störenden Planeten gerichtet und der störenden Schwerbeschleunigung g gleichwertig sind, so daß also im Abstande x vom Planeten nach Gleichung (1a) und Gleichung (2)

$$\frac{dv}{dt} = ca = g = g_0 \frac{r_0^2}{x^2} \text{ und } \frac{m_0}{m} = e^{at}$$

ist. Z. B. ist in dem angenommenen Ausgangspunkte mit dem Abstande $x =$ 800000 km von der **Erde** mit $g_0 = 9{,}8$ m/sec² und $r_0 = 6380$ km:

$$ca = 9{,}8 \cdot \frac{6380^2}{800\,000^2} = \frac{1}{16\,000} \text{ m/sec}^2$$

und nach Ablauf eines Tages = 86400 sec, wenn $c = 2000$ m/sec,

$$at = \frac{ca}{c} \cdot t = \frac{86\,400}{16\,000 \cdot 2000} = 0{,}0270;$$

im Abstande $x = 800000$ km von **Venus** mit $g_0 = 8{,}7$ und $r_0 = 6090$;

$$ca = 8{,}7 \cdot \frac{6090^2}{800\,000^2} = \frac{1}{20\,000} \text{ m/sec}^2$$

und

$$at = \frac{86\,400}{20\,000 \cdot 2000} = 0{,}0216;$$

im Abstande $x = 800000$ km von **Mars** mit $g_0 = 3{,}7$ und $r_0 = 3392$:

$$ca = 3{,}7 \cdot \frac{3393^2}{800\,000^2} = \frac{1}{150\,000}$$

und

$$at = \frac{86\,400}{150\,000 \cdot 2000} = 0{,}00288.$$

Mit jedem folgenden Tage wird x größer, also der tägliche Zuwachs at kleiner. Durch Aufragen der Planeten- und Fahrzeugstellungen in größerem Maßstabe erhalben Ellipsenumfanges beträgt nach Gleichung (48) mit $a = \frac{r_I + r_{II}}{2} = 128500000$ km:

$$T_I = \pi \sqrt{\frac{a^3}{\mu}} = \pi \sqrt{\frac{128500000^3}{132000000000}} = 12600000 \text{ sec} = 146 \text{ Tage.}$$

Die Erde bewegt sich in ihrer Bahn um die Sonne mit einer Winkelgeschwindigkeit von $\frac{360^0}{365 \text{ Tg}} = 0{,}987^0/\text{Tag}$, die Venus mit $\frac{360^0}{224 \text{ Tg}} = 1{,}607^0/\text{Tag}$. Während der Zeitdauer von 146 Tagen beschreibt also die Erde einen Bogen von $146 \cdot 0{,}987 = 144^0$, die Venus einen Bogen von $146 \cdot 1{,}607 = 234{,}5^0$. Damit der gewünschte Vorübergang des Fahrzeuges an der Venus tatsächlich stattfindet (etwa in einem sonnenseitigen Abstande von rd. 800000 km vom Venusmittelpunkte), muß der Aufstieg von der Erde zu einem Zeitpunkt erfolgen, in welchem die Venus um $234{,}5 - 180 = 55{,}5^0$ im Sinne der Planetenbewegung hinter der Erde steht (Punkte V_1 und E_1 in Abb. 25). Nach Ablauf der 146 Tage dagegen steht die Erde um $180 - 144 = 36^0$ hinter der Venus (Punkte V_2 und E_2 in Abb. 25). Würde das Fahrzeug seine

---

hält man für die ersten 5 Tage ungefähr folgende Abstände x mit den daraus abgeleiteten täglichen Beträgen at:

Tage	Erde		Venus		Mars	
	x km	at	x km	at	x km	at
0	800 000	0,0270	800 000	0,0216	800 000	0,0029
1	850 000	0,0240	850 000	0,0191	900 000	0,0023
2	900 000	0,0213	900 000	0,0170	1 000 000	0,0018
3	1 000 000	0,0173	1 000 000	0,0138	1 200 000	0,0013
4	1 100 000	0,0143	1 200 000	0,0096	1 400 000	0,0009
5	1 200 000	0,0120	1 400 000	0,0070	1 700 000	0,0006
Summe	$\Sigma at = 0{,}1159$		$\Sigma at = 0{,}0881$		$\Sigma at = 0{,}0098$	

Nach Ablauf der ersten 5 Tage würde demnach sein $\nu = \frac{m_0}{m} = e^{\Sigma at}$:

für Erde: $\nu = e^{0{,}116} = 1{,}123$; für Venus: $\nu = e^{0{,}088} = 1{,}093$;

für Mars: $\nu = e^{0{,}01} = 1{,}01$.

Bei Fortsetzung der Tabelle bis zu 30 Tagen — die noch späteren Werte $\frac{1}{x^2}$ kommen praktisch nicht mehr in Betracht — ergibt sich

für Erde: $\nu = 1{,}185$; für Venus: $\nu = 1{,}120$; für Mars: $\nu = 1{,}013$.

Der oben angegebene Sicherheitsfaktor $\nu = 1{,}1$ stellt also nur einen rohen Mittelwert dar, der bei genaueren Untersuchungen noch für jede Planetennähe entsprechend verbessert werden müßte. — Die Störungssicherungen brauchen nicht notwendig sekundlich zu erfolgen; es wird genügen, sie täglich ein- oder mehrmal in entsprechender Stärke vorzunehmen.

Bahn unverändert fortsetzen, so würde es nach weiteren 146 Tagen zwar an seinen Ausgangspunkt im Raume auf der punktierten Hälfte des Ellipsenumfanges zurückkehren; die Erde aber würde um weitere 36°, im ganzen also um 72° gegen das Fahrzeug zurückgeblieben sein (Punkt E^3 in Abb. 25). Um ein gleichzeitiges Zusammentreffen beider zu ermöglichen, muß die Dauer der Rückfahrt auf irgendeine Weise verlängert werden. Hierzu bieten sich zwei Möglichkeiten:

1. Möglichkeit (s. Abb. 25). Wenn der punktierte Ellipsenzweig tatsächlich zur Erde zurückführen sollte, so müßte im Augenblicke der Abfahrt bei V_2 die Erde nicht um 36° hinter der Venus bei E_2, sondern um 36° vor der Venus bei E_2' stehen. Das Fahrzeug müßte also solange in der Nähe der Venus festgehalten werden, bis die gewünschte Stellung der beiden Planeten eintritt, d. h. bis die Venus in ihrem Lauf die Erde nahezu wieder eingeholt hat bis auf einen Rest von 36°. Infolge ihrer schnelleren Bewegung gewinnt die Venus gegenüber der Erde täglich einen Winkel von $1{,}607 - 0{,}987 = 0{,}62°$; um aus ihrem Vorsprung von 36° die Erde bis auf einen Rest von 36° von neuem einzuholen, muß sie einen Gesamtwinkel von $360 - 72 = 288°$ gewinnen; dazu braucht sie demnach $\frac{288}{0{,}62} = 464$ Erdentage. Während dieser Zeit kann das Fahrzeug dadurch in der Nähe der Venus festgehalten werden, daß es gezwungen wird, diesen Planeten beliebig oft zu umkreisen. Um dies zu erreichen, muß es zunächst durch entsprechende Geschwindigkeitsverminderung Δv_{II} dem dauernden Einflusse der Venusanziehung ausgesetzt werden, ähnlich wie es vorher durch die Geschwindigkeitsverminderung Δv_I dem Einfluß der Erdanziehung entzogen worden ist. Die Venusstellung V_2 (Abb. 25) wird erreicht mit einer Fahrzeuggeschwindigkeit

$$v_{II} = v_I \cdot \frac{r_I}{r_{II}} = 27{,}3 \cdot \frac{149}{108} = 37{,}6 \text{ km/sec},$$

während die Bahngeschwindigkeit der Venus

$$v_v = \frac{2 \cdot 108000000 \cdot \pi}{224 \cdot 86400} = 35{,}1 \text{ km/sec}$$

beträgt. Um relativ zur Venus die Geschwindigkeit Null zu erreichen, müßte also die Geschwindigkeitsverminderung $= 37{,}6 - 35{,}1 = 2{,}5$ km/sec gemacht werden. Soll die nun beginnende Venusumkreisung auf einem Kreise mit dem Halbmesser a erfolgen, so ist die Dauer einer Umfahrung nach Gleichung (48): $t = 2\pi\sqrt{\frac{a^3}{\mu}}$. Mit Rücksicht auf die richtige Fahrzeuglage bei der späteren Wiederabfahrt ist bei der Wahl von t folgendes zu beachten: Während der 464 Erdentage währenden Dauer der Umkreisungen läuft die Venus $\frac{464}{224} = 2{,}07 = 2 + 0{,}07$ mal um die Sonne, d. h. im Augenblicke des Aufhörens der Umkreisungen steht die Venus um 0,07 Umdrehungen in ihrer Bahn um die Sonne weiter als im Augenblicke des Beginnes der Umkreisungen (s. Abb. 25a). Da die Fahrzeuggeschwindigkeit sowohl beim Eintritt in den Bereich der Venusanziehung (v_{II}) wie beim Austritt aus demselben (v_{II}') senkrecht zum Radius Sonne-Venus gerichtet sein muß, so fehlen nach Abb. 25a im Augenblicke des Fahrzeugaustrittes 0,07 Teile einer vollen Anzahl von Venusumkreisungen. Die Gesamtzahl der Umkreisungen darf demnach beispielsweise 3,93 oder 4,93 oder 5,93 usw. sein, so daß z. B. für 5,93:

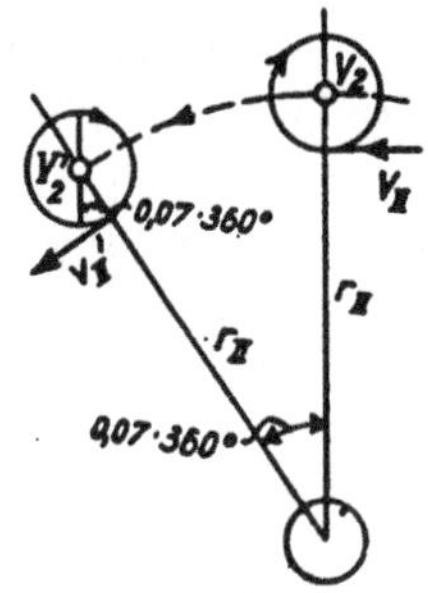

Abb. 25a.

$$t = \frac{464}{5{,}93} = 78{,}2 \text{ Tage} = 6750000 \text{ sec.}$$

Werden die Massenverhältnisse der Erde der Einfachheit wegen unverändert auf die nahezu gleichgroße Venus übertragen (aus genaueren Beobachtungen von Bahnstörungen an Kometen ist für Venus allerdings eine Masse von nur 0,82 der Erdmasse ermittelt worden), so kann wieder $\mu = 400000$ km³/sec² gesetzt werden. Damit ergibt sich für a:

$$a = \sqrt[3]{\mu\left(\frac{t}{2\pi}\right)^2} = \sqrt[3]{400000\left(\frac{6750000}{2\pi}\right)^2} = 773000 \text{ km},$$

und für die Bahngeschwindigkeit während der Umkreisungen

$$v_3 = \frac{2a\pi}{t} = \frac{2 \cdot 773000 \cdot \pi}{6750000} = 0{,}72 \text{ km/sec.}$$

Die gewünschte Venusumkreisung ergibt sich von selbst, wenn im Augenblicke des Vorüberganges bei V_2 (Abb. 25) die Relativgeschwindigkeit nicht gleich Null, sondern = 0,72 km/sec, die Geschwindigkeitsverminderung also nicht gleich 2,5, sondern

$$\Delta v_{II} = 37{,}6 - 35{,}1 - 0{,}72 = \sim 1{,}8 \text{ km/sec}$$

gemacht wird.

Hierzu ist wieder eine Massenausstrahlung nötig mit

$$\left(\frac{m_0}{m_1}\right)_{II} = \nu \cdot e^{\left(\frac{\Delta v_{II}}{c}\right)} = 1{,}1 \cdot e^{\frac{1{,}8}{2{,}0}} = 1{,}1 \cdot e^{0{,}9} = 2{,}65;$$

und zwar in der Fahrtrichtung nach vorne.

Nach Ablauf der zu den 5,93 Umkreisungen nötigen 464 Erdentage ist durch eine gleichwertige Ausstrahlung mit $\left(\frac{m_0}{m_1}\right)'_{II} = 2{,}65$ in entgegengesetzter Richtung das Fahrzeug der Venusschwerkraft wieder zu entziehen und in seine eigene Ellipsenbahn zurückzuverweisen, auf welcher es in weiteren 146 Tagen in die Nähe der Erde zurückkehrt. Im Augenblicke des Vorüberganges, der wieder im Abstande $r_3 =$ 800000 km vom Erdmittelpunkt erfolgen möge, ist durch abermalige Massenausstrahlung die Relativgeschwindigkeit gegenüber der Erde auf den im II. Abschnitt ermittelten Wert $v_3 = 0{,}09$ km/sec zu bringen, der die Landung auf der Erde einleitet. Da in diesem Augenblicke die Fahrzeuggeschwindigkeit $v_I = 27{,}3$ km/sec und die Bahngeschwindigkeit der Erde $v_e = 29{,}7$ km/sec beträgt, so ist die erforderliche Geschwindigkeitsvermehrung

$$\varDelta\, v_I' = 29{,}7 - 27{,}3 - 0{,}09 = \sim 2{,}3 \text{ km/sec}$$

und die jetzt im Sinne der Fahrzeugbewegung nach hinten zu bewirkende Massenausstrahlung

$$\left(\frac{m_0}{m_1}\right)'_I = \nu \cdot e^{\frac{2{,}3}{2{,}0}} = 1{,}1 \cdot e^{1{,}15} = 3{,}47.$$

Die ganze Reise dauert in diesem Falle — einschließlich der für Aufstieg und Landung benötigten 30 Tage:

$$30 + 146 + 464 + 146 = 786 \text{ Erdentage} = 2{,}15 \text{ Jahre.}$$

Bezeichnet m_1 die Masse des zurückkehrenden Fahrzeuges, m_0 die Gesamtmasse zu Beginn des Aufstieges einschließlich Antriebsmasse, so ist — ohne Berücksichtigung der Massenänderungen infolge Verbrauchs der mitgenommenen Vorräte — ungefähr:

$$\frac{m_0}{m_1} = 933 \cdot 3{,}65 \cdot 2{,}65^2 \cdot 3{,}47 = 83000.$$

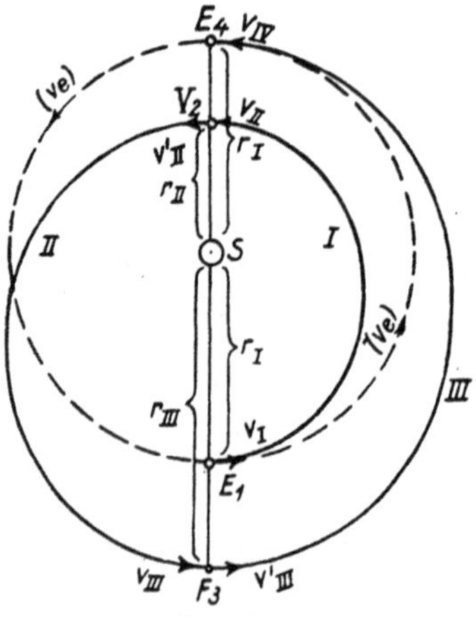

Abb. 26.

2. Möglichkeit (s. Abb. 26). Vom Punkte V_2 aus soll das Fahrzeug nicht unmittelbar, sondern auf einem Umwege über F_3 zur Erde in E_4 zurückkehren. Das Wiederzusammentreffen kann frühestens 1,5 Erdenjahre nach der Trennung in E_1 stattfinden. Der Sonnenabstand r_{III} des Punktes F_3 ist also so zu wählen, daß die gesamte Fahrzeit von E_1 über V_2 und F_3 bis E_4 1,5 Jahre $= 547{,}5$ Erdentage beträgt. Diese Gesamtfahrzeit T setzt sich zusammen aus den Zeiten

T_1, T_2 und T_3 zum Durchfahren der 3 halben Ellipsenumfänge I, II, III mit den großen Halbachsen

$$a_1 = \frac{r_{\mathrm{I}} + r_{\mathrm{II}}}{2} = 128\,500\,000 \text{ km};$$

$$a_2 = \frac{r_{\mathrm{II}} + r_{\mathrm{III}}}{2}; \qquad a_3 = \frac{r_{\mathrm{III}} + r_{\mathrm{I}}}{2}.$$

Aus den beiden letzten Ausdrücken folgt:

$$a_3 - a_2 = \frac{r_{\mathrm{I}} - r_{\mathrm{II}}}{2} = \frac{149\,000\,000 - 108\,000\,000}{2} = 20\,500\,000 \text{ km}.$$

Ferner ist

$$T_3 + T_2 = T - T_1 = 547{,}5 - 146 = 401{,}5 \text{ Tage},$$

oder nach Gleichung (48) — für die halben Ellipsenumfänge —

$$\pi \sqrt{\frac{a_3{}^3}{\mu}} + \pi \sqrt{\frac{a_2{}^3}{\mu}} = 401{,}5 \text{ Tage} = 34\,700\,000 \text{ sec},$$

oder

$$\sqrt{a_3{}^3} + \sqrt{a_2{}^3} = \frac{34\,700\,000}{\pi} \cdot \sqrt{\mu} = \frac{34\,700\,000}{\pi} \sqrt{132\,000\,000\,000};$$

also

$$\sqrt{a_3{}^3} + \sqrt{a_2{}^3} = 4\,010\,000\,000\,000, \left.\vphantom{\begin{matrix}a\\a\end{matrix}}\right\}$$

und $$a_3 - a_2 = 20\,500\,000.$$

Diesen beiden Gleichungen genügen die Werte:

$$a_3 = 169\,000\,000 \text{ km} \text{ und } a_2 = 148\,500\,000 \text{ km}.$$

Mithin folgt aus $a_2 = \dfrac{r_{\mathrm{II}} + r_{\mathrm{III}}}{2}$:

$$r_{\mathrm{III}} = 2\,a_2 - r_{\mathrm{II}} = 297\,000\,000 - 108\,000\,000 = 189\,000\,000 \text{ km}.$$

Die Abfahrt in E_1 erfolgte mit einer Geschwindigkeit $v_{\mathrm{I}} = 27{,}3$ km/sec, die Ankunft in V_2 mit der Geschwindigkeit

$$v_{\mathrm{II}} = v_{\mathrm{I}} \cdot \frac{r_{\mathrm{I}}}{r_{\mathrm{II}}} = 27{,}3 \cdot \frac{149}{108} = 37{,}6 \text{ km/sec}.$$

Die zur Erreichung von F_3 erforderliche Abfahrtsgeschwindigkeit in V_2 dagegen ist nach Gleichung (49):

$$v_{\mathrm{II}}{}' = \sqrt{\frac{2\,\mu}{r_{\mathrm{II}} + r_{\mathrm{III}}} \cdot \frac{r_{\mathrm{III}}}{r_{\mathrm{II}}}} = \sqrt{\frac{264\,000}{297} \cdot \frac{189}{108}} = 39{,}4 \text{ km/sec};$$

daraus ergibt sich die Ankunftsgeschwindigkeit in F_3 zu

$$v_{III} = v_{II}' \cdot \frac{r_{II}}{r_{III}} = 39{,}4 \cdot \frac{108}{189} = 22{,}5 \text{ km/sec.}$$

Die zur Erreichung von E_4 erforderliche Abfahrtsgeschwindigkeit in F_3 ist

$$v_{III}' = \sqrt{\frac{2\mu}{r_{III} + r_I} \cdot \frac{r_I}{r_{III}}} = \sqrt{\frac{264000}{338} \cdot \frac{149}{189}} = 24{,}8 \text{ km/sec,}$$

und schließlich die sich ergebende Ankunftsgeschwindigkeit in E_4

$$v_{IV} = v_{III}' \cdot \frac{r_{III}}{r_I} = 24{,}8 \cdot \frac{189}{149} = 31{,}5 \text{ km/sec}$$

gegenüber der Bahngeschwindigkeit der Erde von

$$v_e = 29{,}7 \text{ km/sec.}$$

Demnach sind im Laufe der ganzen Fahrt folgende Geschwindigkeitsänderungen nötig:

bei der Abfahrt in E_1: $\Delta v_I = 27{,}3 - 29{,}7 = -2{,}4$ km/sec,
» » Vorbeifahrt in V_2: $\Delta v_{II} = 39{,}4 - 37{,}6 = +1{,}8$ »
» » Durchfahrt in F_3: $\Delta v_{III} = 24{,}8 - 22{,}5 = +2{,}3$ »
» » Ankunft in E_4; $\Delta v_{IV} = 29{,}7 - 31{,}5 + 0{,}09 = -1{,}7$ km/sec
(mit Einleitung der Landung).

Die zur Erreichung dieser Geschwindigkeitsänderungen erforderlichen Massenausstrahlungen sind bei einer Ausstrahlungsgeschwindigkeit von $c = 2{,}0$ km/sec der Reihe nach gegeben durch

$$\left(\frac{m_0}{m_1}\right)_I = \nu \cdot e^{\frac{2,4}{2,0}} = 1{,}1 \cdot e^{1,20} = 3{,}65$$

$$\left(\frac{m_0}{m_1}\right)_{II} = \nu \cdot e^{\frac{1,8}{2,0}} = 1{,}1 \cdot e^{0,90} = 2{,}71$$

$$\left(\frac{m_0}{m_1}\right)_{III} = \nu \cdot e^{\frac{2,3}{2,0}} = 1{,}1 \cdot e^{1,15} = 3{,}47$$

$$\left(\frac{m_0}{m_1}\right)_{IV} = \nu \cdot e^{\frac{1,7}{2,0}} = 1{,}1 \cdot e^{0,85} = 2{,}57$$

und zwar sind sie vorzunehmen bei E_1 und E_4 nach vorne, bei V_2 und F_3 nach hinten im Sinne der Fahrtrichtung.

Mit der gleichen Bedeutung wie vorher ist jetzt

$$\frac{m_0}{m_1} = 933 \cdot 3{,}65 \cdot 2{,}71 \cdot 3{,}47 \cdot 2{,}57 = 82000.$$

Die ganze Reisedauer beträgt in diesem Falle — einschließlich Aufstieg und Landung:

30,5 + 547,5 = 578 Erdentage = 1,58 Jahre.

Von beiden Möglichkeiten hat demnach bei annähernd gleichem Betriebsstoffverbrauch die zweite den Vorzug der kürzeren Reisedauer, die erste dagegen den Vorteil eines längeren Verweilens in der Nähe des Planeten Venus.

Ganz ähnlich würde sich ein Besuch beim Planeten Mars gestalten. Allerdings müßte eine genauere Vorausbestimmung seiner Stellung im Augenblicke des Vorbeifahrens vorhergehen, da seine Bahn eine erheblich größere Exzentrizität als Erde und Venus besitzt (sein größter Sonnenabstand beträgt ungefähr 248000000 km, sein kleinster 205000000 km). Nun zeigt sich aber, daß der nach Abb. 26 über F_3 gemachte Umweg in seinem größten Sonnenabstande r_{III} = 189000000 km nahezu den kleinsten Sonnenabstand des Mars von 205000000 km erreicht, bis auf einen Rest von 16000000 km. Bei passender Wahl des Aufstiegzeitpunktes nach der gegenseitigen Konstellation von Erde, Venus und Mars und bei zweckmäßigem Ausgleich der Abstände r_{II} und r_{III} wird sich also eine Vorbeifahrt in verhältnismäßig geringer Entfernung $\left(\text{je etwa } \frac{16}{2} = 8 \text{ Millionen km}\right)$ von Venus sowohl wie von Mars auf einer einzigen Reise von ungefähr 1½jähriger Dauer ermöglichen lassen.

Diese etwa 580tägige Reise würde nicht ganz 20mal solange dauern wie die im III. Abschnitt besprochene 30tägige Raumfahrt. Zur überschläglichen Abschätzung der jetzt in Betracht kommenden Fahrzeugmasse mögen die früher auf S. 51 mit b), c), d), e) bezeichneten, von der Zeitdauer abhängigen Gewichtsanteile mit dem 20fachen des früheren Wertes, die von der Zeitdauer unabhängigen a), f), g), i) mit dem früheren Werte und das mit Rücksicht auf den größeren Frachtraum zweifellos höhere Eigengewicht h) mit dem 3fachen des früheren Wertes in Rechnung gestellt werden. Da gleichzeitig mit dem Frachtraum auch die Wärme abgebende Oberfläche sich vergrößert, so ist hierbei stillschweigend eine bessere Wärmeisolierung als früher vorausgesetzt. Mit diesen Annahmen ergibt sich ein anfängliches Fahrzeuggewicht (jedoch ohne Ausstrahlungsmasse) von

$$\begin{aligned} (240 + 60 + 200 + 140) \cdot 20 \ \ldots &= 12800 \text{ kg} \\ + 200 + 200 + 240 + 200 + 740 \ . &= 1580 \text{ »} \\ + 780 \cdot 3 \ \ldots\ldots\ldots &= 2340 \text{ »} \\ \hline \text{im ganzen} \quad & 16720 \text{ kg} = 16{,}72 \text{ t.} \end{aligned}$$

Zwischen E_1 und V_2 ist eine Zeitdauer von $T_1 = 146$ Tagen verstrichen; zwischen V_1 und F_3 eine Zeit

$$T_2 = T_1 \cdot \sqrt{\frac{a_2^3}{a_1^3}} = 146 \sqrt{\frac{148{,}5^3}{128{,}5^3}} = 181 \text{ Tagen;}$$

zwischen F_3 und E_4 eine Zeit

$$T_3 = T_1 \cdot \sqrt{\frac{a_3^3}{a_1^3}} = 146 \sqrt{\frac{169{,}0^3}{128{,}5^3}} = 220 \text{ Tagen.}$$

Von den 12,8 t an Vorräten werden also verbraucht

während des 15-tägigen Aufstieges bis E_1: $12{,}8 \cdot \frac{15}{578} = 0{,}33$ t,

zwischen E_1 und V_2: $12{,}8 \cdot \frac{146}{578} = 3{,}20$ t,

zwischen V_2 und F_3: $12{,}8 \cdot \frac{181}{578} = 3{,}95$ t,

zwischen F_3 und E_4: $12{,}8 \cdot \frac{220}{578} = 4{,}80$ t,

zwischen Abfahrt und E_4 also 12,28 t.

Nach Ankunft in E_4 verbleibt somit ein Fahrzeuggewicht von 16,72 — 12,28 = 4,44 t.

Unmittelbar vor Ankunft in E_4 ist die Gesamtmasse	4,44 · 2,57 =	11,40 t;
nach Ankunft in F_3	11,40 + 4,80 =	16,20 »
unmittelbar vor Ankunft in F_3	16,20 · 3,47 =	56,30 »
nach Ankunft in V_2	56,30 + 3,95 =	60,25 »
unmittelbar vor Ankunft in V_2	60,25 · 2,71 =	163,00 »
nach Ankunft in E_1	163,00 + 3,20 =	166,20 »
unmittelbar vor Ankunft in E_1	166,20 · 3,65 =	606,67 »
nach Beendigung der Eigenbeschleunigung	606,67 + 0,33 =	607 »
bei der Abfahrt G_0 = ...	607 · 933 =	567000 »

oder in abgekürzter Schreibweise:

$$G_0 = [\{[(4{,}44 \cdot 2{,}57 + 4{,}8) \cdot 3{,}47 + 3{,}95] \cdot 2{,}71 + 3{,}2\} \cdot 3{,}65 + \\ + 0{,}33] \cdot 933 = 567000 \text{ t.}$$

Den Hauptanteil an dem mitzuführenden Munitionsballast erfordert naturgemäß die Eigenbeschleunigung während des Aufstieges; aber auch die während der Fahrt vorzunehmenden Geschwindigkeitsänderungen bedingen die Mitnahme einer solchen Ballastmenge (etwa 607 — 17 = 590 t), daß ihre Unterbringung sowohl wie die Manövrierfähigkeit des Fahrzeuges große Schwierigkeiten bereiten wird. Wie sehr der Wert G_0 von der erreichbaren Ausstrahlungsgeschwindigkeit c abhängt, erhellt aus der nachstehenden Zusammenstellung der erforderlichen

Anfangsgewichte G_0 für verschiedene Werte c bei gleichbleibender Eigenbeschleunigung $ac = 30$ m/sec²:

$c = 2$ km/sec: $G_0 = [\{[(4{,}44 \cdot 2{,}57 + 4{,}8) \cdot 3{,}47 + 3{,}95] \cdot 2{,}71 + 3{,}2\} \cdot 3{,}65 + 0{,}33] \cdot 933 =$ **567 000 t**

$c = 2{,}5$ » : $G_0 = [\{[(4{,}44 \cdot 2{,}17 + 4{,}8) \cdot 2{,}77 + 3{,}95] \cdot 2{,}27 + 3{,}2\} \cdot 2{,}87 + 0{,}33] \cdot 235 =$ **69 500 t**

$c = 3$ » : $G_0 = [\{[(4{,}44 \cdot 1{,}95 + 4{,}8) \cdot 2{,}38 + 3{,}95] \cdot 2{,}00 + 3{,}2\} \cdot 2{,}45 + 0{,}33] \cdot 95 =$ **17 600 t**

$c = 4$ » : $G_0 = [\{[(4{,}44 \cdot 1{,}69 + 4{,}8) \cdot 1{,}98 + 3{,}95] \cdot 1{,}73 + 3{,}2\} \cdot 2{,}00 + 0{,}33] \cdot 30 =$ **3 150 t**

$c = 5$ » : $G_0 = [\{[(4{,}44 \cdot 1{,}55 + 4{,}8) \cdot 1{,}75 + 3{,}95] \cdot 1{,}57 + 3{,}2\} \cdot 1{,}78 + 0{,}33] \cdot 15 =$ **1 130 t**.

V.

Landung auf anderen Himmelskörpern.

Zu einer Landung erscheint unter den erdnahen Planeten zunächst Venus besonders geeignet, weil sie vermutlich eine der irdischen ähnliche Lufthülle besitzt. Unter dieser und der weiteren Voraussetzung, daß auch die Schwereverhältnisse ungefähr den irdischen entsprechen, würde demnach die Landung sich genau so gestalten, wie sie im II. und III. Abschnitt für die Erde dargestellt wurde, sie könnte also dadurch eingeleitet werden, daß dem Fahrzeug in einem Abstande $r_3 = 800000$ km vom Venusmittelpunkt eine Tangentialgeschwindigkeit $v_3 = 0{,}09$ km/sec erteilt würde (s. Abb. 14)[1]. Die vorhergehende Fahrt verläuft genau so, wie im Anschluß an Abb. 25 für den Weg $E_1 - V_2$ festgestellt wurde. Die Vorüberfahrt bei V_2 erfolgt also mit einer Fahrzeuggeschwindigkeit $v_{II} = 37{,}6$ km/sec gegenüber einer Bahngeschwindigkeit der Venus von $v_v = 35{,}1$ km/sec; die Relativgeschwindigkeit im Augenblicke der Vorbeifahrt beträgt somit $37{,}6 - 35{,}1 = 2{,}5$ km/sec. Um sie auf 0,09 km/sec zu vermindern, ist daher eine Geschwindigkeitsänderung von etwa $\Delta v_{II} = 2{,}4$ km/sec erforderlich, entsprechend einem Massenausstrahlungsverhältnis

$$\left(\frac{m_0}{m_1}\right)_{II} = \nu \cdot e^{\frac{\Delta v_{II}}{c}} = 1{,}1 \cdot e^{\frac{2{,}4}{2{,}0}} = 1{,}1 \cdot e^{1{,}2} = 3{,}65,$$

während bei E_0 wie früher ebenfalls

$$\left(\frac{m_0}{m_1}\right)_{I} = 3{,}65$$

war. Die Reisedauer setzt sich etwa wie folgt zusammen:

Aufstieg bei E_1	15	Tage,
Kometenfahrt $E_1 - V_2$	146	»
Landung bei V_2	15	»
insgesamt . .	176	Tage,

[1]) Vgl. das auf S. 69 über die Venusmasse Gesagte. Da außerdem die Venusatmosphäre sehr hoch und dicht ist, wird die Landung voraussichtlich leichter sein als auf der Erde.

d. h. ungefähr 6mal solang wie die im III. Abschnitt besprochene 30tägige Raumfahrt. Bei Ermittelung der Fahrzeugmasse können daher die früher mit b), c), d), e) bezeichneten Gewichtsanteile mit dem sechsfachen, die mit a), f), g), i) bezeichneten mit dem einfachen, das Eigengewicht h) etwa mit dem doppelten der früheren Werte in Ansatz gebracht werden, so daß sich ein Anfangsgewicht (ohne Ausstrahlungsmasse) ergibt von

$$
\begin{aligned}
(240 + 60 + 200 + 140) \cdot 6 \quad &= 3860 \\
+ 200 + 200 + 240 + 200 + 740 &= 1580 \\
+ 780 \cdot 2 \ldots\ldots\ldots\ldots &= 1560 \\
\hline
\text{im ganzen} \ . \quad &= 7000 \text{ kg} = 7{,}0 \text{ t.}
\end{aligned}
$$

Von den Vorräten werden wie früher verbraucht:

zwischen Abfahrt und E_1	0,3 t,
zwischen E_1 und V_2	3,2 »
also zwischen Abfahrt und V_2	3,5 t,

so daß nach Ankunft in V_2 ein Gewicht verbleibt von $7{,}0 - 3{,}5 = 3{,}5$ t. Das Gesamtgewicht beim Aufstieg von der Erde berechnet sich demnach wie folgt:

für $c = 2$	km/sec:	$G_0 = [(3{,}5 \cdot 3{,}65 + 3{,}2) \cdot 3{,}65 + 0{,}3] \cdot 933 = 54800$ t
» $c = 2{,}5$	» :	$G_0 = [(3{,}5 \cdot 2{,}87 + 3{,}2) \cdot 2{,}87 + 0{,}3] \cdot 235 = 8800$ t
» $c = 3$	» :	$G_0 = [(3{,}5 \cdot 2{,}45 + 3{,}2) \cdot 2{,}45 + 0{,}3] \cdot 95 = 2800$ t
» $c = 4$	» :	$G_0 = [(3{,}5 \cdot 2{,}00 + 3{,}2) \cdot 2{,}00 + 0{,}3] \cdot 30 = 620$ t
» $c = 5$	» :	$G_0 = [(3{,}5 \cdot 1{,}78 + 3{,}2) \cdot 1{,}78 + 0{,}3] \cdot 15 = 260$ t

Bei einer selbständigen Rückkehr von der Venus zur Erde ist das gleiche Aufstiegsgewicht nötig. Sollte dagegen die für die Rückfahrt erforderliche Antriebsmasse gleich bei der Hinfahrt mitgenommen werden, so würden sich für den ersten Aufstieg mindestens die folgenden Werte ergeben:

für $c = 2$	km/sec:	$54\,800 \cdot 3{,}65^2 \cdot 933 = 670\,000\,000$ t
» $c = 2{,}5$	» :	$8\,800 \cdot 2{,}87^2 \cdot 235 = 17\,000\,000$ t
» $c = 3$	» :	$2\,800 \cdot 2{,}45^2 \cdot 95 = 1\,600\,000$ t
» $c = 4$	» :	$620 \cdot 2{,}00^2 \cdot 30 = 74\,000$ t
» $c = 5$	» :	$260 \cdot 1{,}78^2 \cdot 15 = 1\,240$ t.

Eine Landung auf der Venus setzt also die Zuversicht voraus, daß die zur Rückkehr erforderliche Antriebsmasse aus den dort vorhandenen Rohstoffen mit einfachen Hilfsmitteln hergestellt werden kann.

Eine Landung auf dem Mars läßt sich bei dem vermutlichen Mangel einer wirksamen Lufthülle nicht in der bei Erde und Venus angewendeten Art durchführen; vielmehr muß hier die Fahrzeugbremsung durch Umkehrung des im I. Abschnitte besprochenen Antriebsverfahrens bewirkt werden. Der Marshalbmesser beträgt $r_0 = 3373$ km, die Schwerbeschleunigung an der Marsoberfläche — wie sich aus den Bewegungen der beiden Marsmonde ableiten läßt — $g_0 = 3{,}7\ \text{m/sec}^2 = 0{,}0037\ \text{km/sec}^2$.

Wird wieder eine Eigenbeschleunigung des Fahrzeuges von $c\alpha = 0{,}03\ \text{km/sec}^2$ und eine Ausstrahlungsgeschwindigkeit $c = 2{,}0$ km/sec angenommen, so daß $\alpha = \frac{c\alpha}{c} = \frac{0{,}03}{2{,}0} = \frac{0{,}015}{\text{sec}}$ wird, so ist die Entfernung r_1 vom Marsmittelpunkt, in welcher mit der Eigenbeschleunigung begonnen werden muß, nach Gleichung (7):

$$r_1 = r_0\left(1 + \frac{g_0}{c\alpha}\right) = 3392\left(1 + \frac{0{,}0037}{0{,}03}\right) = 3800\ \text{km}$$

und die Fahrzeuggeschwindigkeit bei Ankunft in r_1 aus sehr großer Entfernung, nach Gleichung (8):

$$v_1 = \sqrt{\frac{2\,g_0\,r_0^2}{r_1}} = \sqrt{\frac{2\cdot 0{,}0037\cdot 3392^2}{3800}} = 4{,}70\ \text{km/sec};$$

ferner die durchschnittliche Gesamtverzögerung während der Bremszeit nach Gleichung (9):

$$\beta = c\alpha - \frac{g_0}{3}\left(2 + \frac{r_0^2}{r_1^2}\right) = 0{,}03 - \frac{0{,}0037}{3}\left(2 + \frac{3392^2}{3800^2}\right) = 0{,}02655\ \text{km/sec}^2,$$

somit die angenäherte Bremszeit nach Gleichung (10):

$$t_1 = \frac{v_1}{\beta} = \frac{4{,}70}{0{,}02655} = 177\ \text{sec},$$

und das Massenverhältnis der Ausstrahlung nach Gleichung (11):

$$\frac{m_0}{m_1} = e^{\alpha t_1} = e^{0{,}015\cdot 177} = e^{2{,}66} = 14{,}3.$$

Bezeichnet $r_{\mathrm{I}} = 149000000$ km den Sonnenabstand der Erde und soll der Mars in seiner Sonnennähe mit $r_{\mathrm{II}} = 205000000$ km erreicht werden, so muß dem Fahrzeug nach seinem Aufstieg von der Erde eine Tangentialgeschwindigkeit nach Gleichung (49) von

$$v_{\mathrm{I}} = \sqrt{\frac{264\,000}{354}\cdot\frac{205}{149}} = 32{,}0\ \text{km/sec}$$

erteilt werden gegenüber der irdischen Bahngeschwindigkeit von 29,7 km/sec, während die Vorüberfahrt in Marsnähe mit einer Geschwindigkeit von

$$v_{\mathrm{II}} = 32{,}0\cdot\frac{149}{205} = 23{,}2\ \text{km/sec}$$

erfolgt gegenüber einer Bahngeschwindigkeit des Mars in Sonnennähe von 26,5 km/sec. Die erforderlichen Geschwindigkeitsänderungen sind also

nach Verlassen der Erde:

$$\Delta v_{I} = 32{,}0 - 29{,}7 = 2{,}3 \text{ km/sec}$$

mit $$\left(\frac{m_0}{m_1}\right)_I = \nu \cdot e^{\frac{2,3}{2,0}} = 1{,}1 \cdot e^{1,15} = 3{,}47;$$

vor Landung auf Mars:

$$\Delta v_{II} = 26{,}5 - 23{,}2 = 3{,}3 \text{ km/sec}$$

mit $$\left(\frac{m_0}{m_1}\right)_{II} = \nu \cdot e^{\frac{3,3}{2,0}} = 1{,}1 \cdot e^{1,65} = 5{,}73.$$

Die Fahrzeit setzt sich wie folgt zusammen:

Aufstieg von der Erde etwa . . . . 15 Tage

Kometenfahrt Erde—Mars: $\pi \cdot \sqrt{\frac{a^3}{\mu}}$ mit

$$a = \frac{r_I + r_{II}}{2} = 177\,000\,000 \text{ km und}$$

$$\mu = 132\,000\,000\,000 \frac{\text{km}^3}{\text{sec}^2} \text{ also}$$

$$\pi \sqrt{\frac{177\,000\,000^3}{132\,000\,000\,000}} = 20\,350\,000 \text{ sec} =$$ 235 »

Landung auf Mars etwa . . . . 15 »

insgesamt: 265 Tage;

d. h. ungefähr 9mal so lang wie die 30tägige Raumfahrt des III. Abschnittes. Ähnlich wie bei der Venusfahrt kann daher das Anfangsgewicht des Fahrzeuges — ohne Ausstrahlungsmasse — wie folgt ermittelt werden:

$$\frac{9}{6} \cdot 3860 + 1580 + 1560 = 5790 + 3140 = 8930 \text{ kg} = \sim 9 \text{ t}.$$

Von den rd. 5,8 t an Vorräten werden verbraucht:

während des Aufstiegs von der Erde $\frac{15}{265} \cdot 5{,}8 = \sim 0{,}3$ t

während der Kometenfahrt Erde—Mars $\frac{235}{265} \cdot 5{,}8 =$ 5,2 t

während der Landung auf Mars . . . . $\sim 0{,}3$ t

Bei Ankunft auf dem Mars sind noch vorhanden 9,0 — 5,8 = 3,2 t, und das Gesamtgewicht zu Beginn des Aufstieges ist

$$\text{für } c = 2 \text{ km/sec}: G_0 = \{[(3{,}2 \cdot 14{,}3 + 0{,}3) \cdot 5{,}73 + 5{,}2] \cdot 3{,}47 + 0{,}3\} \cdot 933 = 875\,000 \text{ t}$$

$$\text{» } c = 2{,}5 \text{ » }: G_0 = \{[(3{,}2 \cdot 8{,}3 + 0{,}3) \cdot 4{,}13 + 5{,}2] \cdot 2{,}77 + 0{,}3\} \cdot 235 = 76\,500 \text{ t}$$

$$\text{» } c = 3 \text{ » }: G_0 = \{[(3{,}2 \cdot 5{,}9 + 0{,}3) \cdot 3{,}32 + 5{,}2] \cdot 2{,}38 + 0{,}3\} \cdot 95 = 15\,600 \text{ t}$$

$$\text{» } c = 4 \text{ » }: G_0 = \{[(3{,}2 \cdot 3{,}8 + 0{,}3) \cdot 2{,}51 + 5{,}2] \cdot 1{,}98 + 0{,}3\} \cdot 30 = 2\,200 \text{ t}$$

$$\text{» } c = 5 \text{ » }: G_0 = \{[(3{,}2 \cdot 2{,}9 + 0{,}3) \cdot 2{,}14 + 5{,}2] \cdot 1{,}75 + 0{,}3\} \cdot 15 = 690 \text{ t.}$$

also weit ungünstiger als bei der mit Lufthülle gedachten Venus. Wesentlich günstiger gestaltet sich dagegen die selbständige Rückkehr vom Mars zur Erde — freilich auch wieder unter der Voraussetzung, daß die zur Herstellung der erforderlichen Ausstrahlungsmasse benötigten Rohstoffe dort vorgefunden und verarbeitet werden können —: in diesem Falle fällt mit Rücksicht auf die durch die irdische Lufthülle erleichterte Landung der in den obigen Ausdrücken enthaltene Faktor 933 usw. fort, und die der umgekehrten Fahrtrichtung entsprechend geänderte Reihenfolge der übrigen Faktoren ergibt

$$\text{für } c = 2 \text{ km/sec}: G_0 = \{[(3{,}2 + 0{,}3) \cdot 3{,}47 + 5{,}2] \cdot 5{,}73 + 0{,}3\} \cdot 14{,}3 = 1430 \text{ t}$$

$$\text{» } c = 2{,}5 \text{ » }: G_0 = \{[(3{,}2 + 0{,}3) \cdot 2{,}77 + 5{,}2] \cdot 4{,}13 + 0{,}3\} \cdot 8{,}3 = 515 \text{ t}$$

$$\text{» } c = 3 \text{ » }: G_0 = \{[(3{,}2 + 0{,}3) \cdot 2{,}38 + 5{,}2] \cdot 3{,}32 + 0{,}3\} \cdot 5{,}9 = 265 \text{ t}$$

$$\text{» } c = 4 \text{ » }: G_0 = \{[(3{,}2 + 0{,}3) \cdot 1{,}98 + 5{,}2] \cdot 2{,}51 + 0{,}3\} \cdot 3{,}8 = 118 \text{ t}$$

$$\text{» } c = 5 \text{ » }: G_0 = \{[(3{,}2 + 0{,}3) \cdot 1{,}75 + 5{,}2] \cdot 2{,}14 + 0{,}3\} \cdot 2{,}9 = 71 \text{ t.}$$

Ähnlich wie beim Mars ist die Landung auf dem Monde durchzuführen. Hierbei ist mit der gleichen Bezeichnungsweise wie bei der Marslandung:

$$r_0 = 1740 \text{ km}; \; g_0 = 0{,}0016 \text{ km/sec}^2 \left(\text{da die Monddichte geringer ist als die der Erde, so ist } g_0 < 0{,}0098 \cdot \frac{1740}{6380}\right);$$

$$\alpha c = 0{,}03\ \text{km/sec}^2;\ c = 2{,}0\ \text{km/sec};\ \alpha = \frac{0{,}015}{\text{sec}};$$

$$r_1 = 1740\left(1 + \frac{0{,}0016}{0{,}03}\right) = 1830\ \text{km};$$

$$v_1 \sqrt{\frac{2 \cdot 0{,}0016 \cdot 1740^2}{1830}} = 2{,}30\ \text{km/sec};$$

$$\beta = \sim 0{,}03 - \frac{0{,}0016}{3}\left(2 + \frac{1740^2}{1830^2}\right) = 0{,}0284\ \text{km/sec}^2;$$

$$t_1 = \frac{v_1}{\beta} = \frac{2{,}30}{0{,}0284} = 81\ \text{sec};$$

$$\frac{m_0}{m_1} = e^{\alpha t_1} = e^{0{,}015 \cdot 81} = e^{1{,}22} = 3{,}40.$$

Da die Fahrtdauer in diesem Falle höchstens halb so lang ist wie bei der auf doppelte Mondentfernung ausgedehnten Raumfahrt des III. Abschnittes, also auch eine entsprechend geringere Vorratsmenge mitgeführt zu werden braucht, so kann als durchschnittliches Fahrzeuggewicht ohne Ausstrahlungsmasse jetzt etwa 2,6 t statt 3,0 t angenommen werden. Somit ergibt sich als Aufstiegsgewicht nur für die Hinfahrt Erde—Mond:

für $c = 2$ km/sec: $G_0 = 2{,}6 \cdot 3{,}4 \cdot 933 = 8250$ t
» $c = 2{,}5$ » $G_0 = 2{,}6 \cdot 2{,}64 \cdot 235 = 1610$ t
» $c = 3$ » $G_0 = 2{,}6 \cdot 2{,}25 \cdot 95 = 555$ t
» $c = 4$ » $G_0 = 2{,}6 \cdot 1{,}85 \cdot 30 = 144$ t
» $c = 5$ » $G_0 = 2{,}6 \cdot 1{,}64 \cdot 15 = 64$ t.

und als Aufstiegsgewicht nur für die Rückfahrt Mond—Erde:

für $c = 2$ km/sec: $G_0 = 2{,}6 \cdot 3{,}4 = 8{,}9$ t
» $c = 2{,}5$ » $G_0 = 2{,}6 \cdot 2{,}64 = 6{,}9$ t
» $c = 3$ » $G_0 = 2{,}6 \cdot 2{,}25 = 5{,}9$ t
» $c = 4$ » $G_0 = 2{,}6 \cdot 1{,}85 = 4{,}8$ t
» $c = 5$ » $G_0 = 2{,}6 \cdot 1{,}64 = 4{,}3$ t.

Soll dagegen gleich beim Aufstieg von der Erde die Rückfahrt gesichert werden, so ergibt sich als Aufstiegsgewicht beim Verlassen der Erde:

für $c = 2$ km/sec: $G_0 = 2{,}6 \cdot 3{,}4^2 \cdot 933 = 28000$ t
» $c = 2{,}5$ » $G_0 = 2{,}6 \cdot 2{,}64^2 \cdot 235 = 4250$ t
» $c = 3$ » $G_0 = 2{,}6 \cdot 2{,}25^2 \cdot 95 = 1250$ t
» $c = 4$ » $G_0 = 2{,}6 \cdot 1{,}85^2 \cdot 30 = 890$ t
» $c = 5$ » $G_0 = 2{,}6 \cdot 1{,}64^2 \cdot 15 = 700$ t.

Die verhältnismäßig leichte Erreichbarkeit des Mondes und das geringe Massenausstrahlungsverhältnis $\frac{m_0}{m_1} = 4{,}0$ beim Aufstieg vom Monde legt den Gedanken nahe, den Mond als Stützpunkt für alle weitergehenden Unternehmungen zu wählen. Vorbedingung hierfür ist, daß die benötigte Ausstrahlungsmasse auf dem Monde selbst gewonnen werden kann, mit anderen Worten, daß auf dem Mond eine Art Sprengstoffabrik eingerichtet werden kann. Zur Erkundung dieser Möglichkeit müßte eine erstmalige Mondfahrt mit gesicherter Rückkehr, also z. B. bei $c = 2$ km/sec mit $G_0 = 38000$ t unternommen werden, was immerhin nicht ganz außerhalb des Bereiches der Ausführbarkeit liegt. Bei günstigem Ergebnis würde jede weitere Mondfahrt nur mehr 8250 t, jede Rückkehr vom Monde zur Erde sogar nur 8,9 t erfordern, und bei jeder vom Mond ausgehenden Planetenfahrt würde an Stelle der irdischen Aufstiegsziffer von $\frac{m_0}{m_1} = 933$ usw. die Mondaufstiegsziffer $\frac{m_0}{m_1} = 3{,}4$ usw. treten, wobei allerdings die Rückkehr nicht über den Mond, sondern wegen der günstigeren Landungsbedingungen stets unmittelbar zur Erde erfolgen müßte.

So würden z. B. folgende Aufstiegsgewichte erforderlich:

a) bei einer Rundfahrt Mond —Venus — Mars — Erde (ohne Zwischenlandung auf Venus und Mars):

für $c = 2$ km/sec: $G_0 = \frac{3{,}4}{933} \cdot 567\,000 = 2070$ t

» $c = 2{,}5$ » : $G_0 = \frac{2{,}64}{235} \cdot 69\,500 = 780$ t

» $c = 3$ » : $G_0 = \frac{2{,}25}{95} \cdot 17\,600 = 417$ t

» $c = 4$ » : $G_0 = \frac{1{,}85}{30} \cdot 3\,150 = 194$ t

» $c = 5$ » : $G_0 = \frac{1{,}64}{15} \cdot 1\,130 = 124$ t;

b) bei einer Fahrt Mond — Mars mit Landung, jedoch ohne Rückkehrsicherung:

für $c = 2$ km/sec: $G_0 = \frac{3{,}4}{933} \cdot 875\,000 = 3190$ t

» $c = 2{,}5$ » : $G_0 = \frac{2{,}64}{235} \cdot 76\,500 = 860$ t

» $c = 3$ » : $G_0 = \frac{2{,}25}{95} \cdot 15\,600 = 370$ t für $c = 4$ km/sec: $G_0 = \frac{1,85}{30} \cdot \ 2\,200 = \ 136$ t

» $c = 5$ » : $G_0 = \frac{1,64}{15} \cdot \ 690 = \ 76$ t;

c) bei einer Fahrt Mond—Venus mit Landung, jedoch ohne Rückkehrsicherung:

für $c = 2$ km/sec: $G_0 = \frac{3,4}{933} \cdot 54\,800 = 200$ t

» $c = 2,5$ » : $G_0 = \frac{2,64}{235} \cdot 8\,800 = 99$ t

» $c = 3$ » : $G_0 = \frac{2,25}{95} \cdot 2\,800 = 67$ t

» $c = 4$ » : $G_0 = \frac{1,85}{30} \cdot 620 = 38$ t

» $c = 5$ » : $G_0 = \frac{1,64}{15} \cdot 260 = 29$ t;

d) bei einer Marslandung mit Rückkehrsicherung (etwa zur erstmaligen Erkundung), wobei die Marsaufstiegsziffer $\frac{m_0}{m_1} = 14,3$ usw., sowie die Notwendigkeit der Mitnahme von weiteren 5,8 t an Rückreisevorrat zu berücksichtigen ist:

für $c = 2$ km/sec: $G_0 = 3190 \cdot 14,3 \cdot \frac{9 + 5,8}{9} = 75000$ t

» $c = 2,5$ » : $G_0 = 860 \cdot 8,3 \cdot \frac{9 + 5,8}{9} = 11800$ t

» $c = 3$ » : $G_0 = 370 \cdot 5,9 \cdot \frac{9 + 5,8}{9} = 3600$ t

» $c = 4$ » : $G_0 = 136 \cdot 3,8 \cdot \frac{9 + 5,8}{9} = 850$ t

» $c = 5$ » : $G_0 = 76 \cdot 2,9 \cdot \frac{9 + 5,8}{9} = 360$ t;

e) bei einer Venuslandung mit Rückkehrsicherung in entsprechender Weise:

für $c = 2$ km/sec: $G_0 = 200 \cdot 933 \cdot \frac{7 + 3,9}{7} = 290000$ t

» $c = 2,5$ » : $G_0 = 99 \cdot 235 \cdot \frac{7 + 3,9}{7} = 36300$ t

$$\text{für } c = 3\,\text{km/sec}: G_0 = 67 \cdot 95 \cdot \frac{7 + 3{,}9}{7} = 9900\,\text{t}$$

$$\text{» } c = 4 \text{ » }: G_0 = 38 \cdot 30 \cdot \frac{7 + 3{,}9}{7} = 1780\,\text{t}$$

$$\text{» } c = 5 \text{ » }: G_0 = 29 \cdot 15 \cdot \frac{7 + 3{,}9}{7} = 680\,\text{t}.$$

Die Sicherung der Rückkehr ist also im Falle e) weit schwerer zu bewerkstelligen als im Falle d). Dessenungeachtet und obwohl auch die selbständige Rückkehr von der Venus (mit ungefähr den gleichen Werten G_0 wie beim unmittelbaren Aufstieg von der Erde zur Venus) nur mit großen Ausstrahlungsgeschwindigkeiten c zu verwirklichen sein wird, ist doch die Wahrscheinlichkeit, dort beim Vorhandensein einer Atmosphäre den irdischen ähnliche Lebensbedingungen vorzufinden, so groß und die Schwierigkeit der Hinreise — wenn erst einmal der Mond als Stützpunkt gewonnen sein wird — so gering, daß gerade die Venus voraussichtlich in erster Linie als Auswanderungsziel in Betracht kommen wird, der Mars dagegen zunächst mehr als Ziel wissenschaftlicher Forschungsfahrten.

Bei allen Aufstiegen vom Monde müßte streng genommen noch die Bahngeschwindigkeit des Mondes um die Erde berücksichtigt werden, ähnlich wie es bei Abb. 16 mit der Erdumdrehung geschah; ihr Einfluß soll hier jedoch nicht weiter untersucht werden.

Der Einfachheit wegen waren bisher nur solche Verbindungsellipsen zwischen den Planeten besprochen worden, welche die beiden zu verbindenden Planetenbahnen berührten, bei deren Benützung also nur Geschwindigkeitsänderungen, aber keine Richtungsänderungen vorzunehmen waren. Es ist nicht ohne weiteres selbstverständlich, daß diese berührenden Ellipsen gerade die günstigste Verbindung darstellen. Denkbar ist vielmehr, daß andere Ellipsen, die die zu verbindenden Planetenbahnen schneiden, zweckmäßiger sein könnten, da sie ohne Zweifel eine kürzere Verbindung ermöglichen. Deshalb werde zunächst der entgegengesetzte Grenzfall untersucht, bei welchem nur Richtungsänderungen, aber keine Geschwindigkeitsänderungen vorzunehmen wären.

Die gesuchte Verbindungsellipse müßte also beide Planetenbahnen mit Bahngeschwindigkeiten kreuzen, die den betreffenden Planetengeschwindigkeiten gleich sind. Mit den Bezeichnungen der Abb. 27 ist dann nach Gleichung (41) für die Verbindungsellipse:

$$1.\quad v_a^2 - \frac{2\mu}{r_a} = v_1^2 - \frac{2\mu}{r_1};$$

$$2.\quad v_a^2 - \frac{2\mu}{r_a} = v_2^2 - \frac{2\mu}{r_2};$$

und nach Gleichung (37) für die Kreisbahnen r_1 und r_2:

$$v_1^2 = \frac{\mu}{r_1};$$

$$v_2^2 = \frac{\mu}{r_2};$$

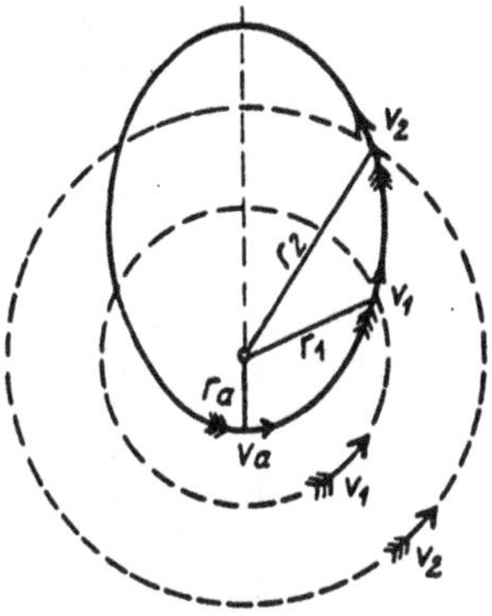

Abb. 27.

also müßte sein:

$$1.\quad v_a^2 - \frac{2\mu}{r_a} = \frac{\mu}{r_1} - \frac{2\mu}{r_1};$$

$$2.\quad v_a^2 - \frac{2\mu}{r_a} = \frac{\mu}{r_2} - \frac{2\mu}{r_2};$$

oder

$$1.\quad \frac{2\mu}{r_a} - v_a^2 = \frac{\mu}{r_1};$$

$$2.\quad \frac{2\mu}{r_a} - v_a^2 = \frac{\mu}{r_2}.$$

Beide Gleichungen stehen miteinander in Widerspruch. Daraus folgt, daß die zunächst gestellte Bedingung, wonach beide Planetenbahnen mit der zugehörigen Planetengeschwindigkeit gekreuzt werden sollten, überhaupt nicht erfüllbar ist.

Wird jetzt nur noch die Bedingung gestellt, daß die eine der beiden Planetenbahnen, etwa mit dem Halbmesser r_2, und die gesuchte Ellipse an ihrer Kreuzungsstelle gleiche Bahngeschwindigkeit haben sollen, so bleibt nur die eine Bedingungsgleichung bestehen:

$$\frac{2\mu}{r_a} - v_a^2 = \frac{\mu}{r_2};$$

aus ihr folgt nach willkürlicher Wahl von r_a:

$$v_a^2 = \frac{2\mu}{r_a} - \frac{\mu}{r_2};$$

ferner nach Gleichung (45):

$$a = \frac{\mu}{\frac{2\mu}{r_a} - v_a^2} = \frac{\mu}{\frac{\mu}{r_2}} = r_2,$$

und nach Gleichung (46):

$$b = \frac{v_a r_a}{\sqrt{\frac{2\mu}{r_a} - v_a^2}} = \frac{v_a r_a}{\sqrt{\frac{\mu}{r_2}}} = r_a \sqrt{\frac{2 r_2}{r_a} - 1};$$

d. h. jede Ellipse, deren große Halbachse a gleich dem Halbmesser r_2 einer kreisförmigen Planetenbahn ist, wird an ihren Schnittpunkten mit dieser Planetenbahn mit der zugehörigen Planetengeschwincigkeit durchfahren.

Der Kreuzungswinkel an der Schnittstelle, der zugleich die Tangentenneigung der Ellipsenbahn bezeichnet, ergibt sich nach Abb. 28 aus

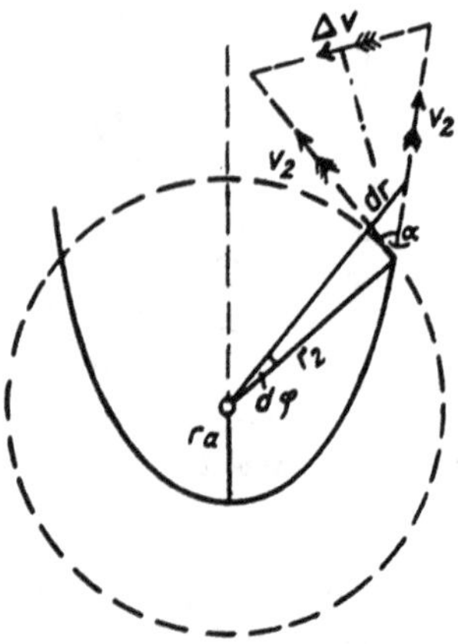

Abb. 28.

$$\operatorname{tg} a = \frac{dr}{r_2 \, d\varphi} = \frac{1}{r_2} \cdot \frac{dr}{d\varphi};$$

also nach Gleichung (43) mit $r = r_2$:

$$\operatorname{tg} a = \sqrt{\frac{v_a^2 - \frac{2\mu}{r_a}}{v_a^2 r_a^2} \cdot r_2^2 + \frac{2\mu}{v_a^2 r_a^2} \cdot r_2 - 1};$$

oder, da in diesem Falle

$$v_a^2 - \frac{2\mu}{r_a} = -\frac{\mu}{r_2} \text{ sein soll:}$$

$$\operatorname{tg} a = \sqrt{-\frac{\mu r_2}{v_a^2 r_a^2} + \frac{2\mu r_2}{v_a^2 r_a^2} - 1}$$

$$= \sqrt{\frac{\mu r_2}{v_a^2 r_a^2} - 1}.$$

Von den vielen möglichen Verbindungsellipsen mit der großen Halbachse $a = r_2$ soll nun diejenige näher untersucht werden, welche gleichzeitig die Planetenbahn mit dem Halbmesser r_1 berührt, bei deren Benützung also am einen Planetenort nur eine Geschwindigkeits-, beim anderen nur eine Richtungsänderung vorzunehmen ist. Zu diesem Zwecke ist

$$r_a = r_1$$

zu wählen, so daß

$$v_a^2 = \frac{2\mu}{r_1} - \frac{\mu}{r_2} = \mu \cdot \frac{2r_2 - r_1}{r_1 r_2},$$

und

$$\operatorname{tg} a = \sqrt{\frac{\mu r_2}{r_1^2 \cdot \mu \cdot \frac{2r_2 + r_1}{r_1 r_2}} - 1} = \sqrt{\frac{r_2^2}{r_1 (2r_2 - r_1)} - 1};$$

oder

$$\operatorname{tg} a = \sqrt{\frac{r_2^2 - 2r_1 r_2 + r_1^2}{r_1 (2r_2 - r_1)}} = \sqrt{\frac{(r_2 - r_1)^2}{r_1 (2r_2 - r_1)}}.$$

Um an der Kreuzungsstelle die zum Übergang aus der einen in die andere Bahn erforderliche Richtungsänderung ohne Änderung der Bahngeschwindigkeit v_2 zu erzielen, ist eine Geschwindigkeitskomponente senkrecht zur Halbierenden des Kreuzungswinkels a hinzuzufügen von der Größe

$$\Delta v = 2 \cdot v_2 \cdot \sin \frac{\alpha}{2} \text{ (vergl. Abb. 28).}$$

Z. B. ergibt sich für die die Erdbahn berührende und die Venusbahn wunschgemäß schneidende Verbindungsellipse, also für

$$r_1 = 149000000 \text{ km},$$
$$r_2 = 108000000 \text{ »}$$
$$v_2 = 35{,}1 \text{ km/sec}:$$

$$\operatorname{tg} a = \sqrt{\frac{(108-149)^2}{149\cdot(216-149)}} = \frac{41}{\sqrt{149\cdot 67}} = 0{,}41;$$

$$a = \sim 22^1/_4{}^0;\ \Delta v = 2\cdot 35{,}1\cdot \sin 11^1/_8{}^0 = \mathbf{13{,}5} \text{ km/sec};$$

für die die Venusbahn berührende und die Erdbahn wunschgemäß schneidende Verbindungsellipse, also für

$$r_1 = 108000000 \text{ km}$$
$$r_2 = 149000000 \text{ »}$$
$$v_2 = 29{,}7 \text{ km/sec}:$$

$$\operatorname{tg} a = \sqrt{\frac{(149-108)^2}{108\,(298-108)}} = \frac{41}{\sqrt{108\cdot 190}} = 0{,}286;$$

$$a = \sim 16^0;\ \Delta v = 2\cdot 29{,}7\cdot \sin 8^0 = \mathbf{8{,}3} \text{ km/sec};$$

für die die Erdbahn berührende und die Marsbahn wunschgemäß schneidende Verbindungsellipse, also für

$$r_1 = 149000000 \text{ km}$$
$$\left.\begin{array}{l} r_2 = 205000000 \text{ »} \\ v_2 = 26{,}5 \text{ km/sec}: \end{array}\right\} \text{(Kreisbahn angenommen)}$$

$$\operatorname{tg} a = \sqrt{\frac{(205-149)^2\cdot}{149\,(410-149)}} = \frac{56}{\sqrt{149\cdot 261}} = 0{,}284;$$

$$a = \sim 16^0;\ \Delta v = 2\cdot 26{,}5\cdot \sin 8^0 = \mathbf{7{,}4} \text{ km/sec};$$

für die die Marsbahn berührende und die Erdbahn wunschgemäß schneidende Verbindungsellipse, also für

$$r_1 = 205000000 \text{ km}.$$
$$r_2 = 149000000 \text{ »}$$
$$v_2 = 29{,}7 \text{ km/sec}:$$

$$\operatorname{tg} a = \sqrt{\frac{(149-205)^2}{205\,(298-205)}} = \frac{56}{\sqrt{205\cdot 93}} = 0{,}405;$$

$$a = \sim 22^0;\quad \Delta v = 2\cdot 29{,}7\cdot \sin 11^0 = 11{,}4 \text{ km/sec}.$$

Man sieht, daß die aufzubringende Geschwindigkeitskomponente Δv in allen Fällen bedeutend größer ist als bei den beide Planetenbahnen berührenden Verbindungsellipsen. So würde schon dem günstigsten Falle (Berührung der Erdbahn und Kreuzung der Marsbahn) mit $\Delta v = 7{,}4$ km/sec (statt nach S. 79 $\Delta v_{II} = 3{,}3$ km/sec) ein Massenaufwand $\frac{m_0}{m} = \nu \cdot e^{\frac{\Delta v}{c}}$ entsprechen von nachstehenden Beträgen:

$$\text{für } c = 2 \text{ km/sec:} \quad \frac{m_0}{m} = 1{,}1 \cdot e^{\frac{7,4}{2,0}} = 44{,}5 \text{ statt } 5{,}73;$$

$$» \quad c = 2{,}5 \quad » \quad : \quad » = 1{,}1 \cdot e^{\frac{7,4}{2,5}} = 21{,}4 \quad » \quad 4{,}13;$$

$$» \quad c = 3{,}0 \quad » \quad : \quad » = 1{,}1 \cdot e^{\frac{7,4}{3,0}} = 14{,}1 \quad » \quad 3{,}32;$$

$$» \quad c = 4{,}0 \quad » \quad : \quad » = 1{,}1 \cdot e^{\frac{7,4}{4,0}} = 7{,}05 \quad » \quad 2{,}51;$$

$$» \quad c = 5{,}0 \quad » \quad : \quad » = 1{,}1 \cdot e^{\frac{7,4}{5,0}} = 4{,}85 \quad » \quad 2{,}14.$$

Hinzu kommt, daß auch beim Übergang von der berührten Planetenbahn in die die andere Planetenbahn schneidende Verbindungsellipse in allen Fällen eine größere Geschwindigkeitsänderung Δv_{II} zu bewerkstelligen ist als bei Berührung beider Planetenbahnen, da im letzteren Falle die Krümmungsänderung am kleinsten ist.

Aus den gewonnenen Ergebnissen kann daher geschlossen werden, daß die beide Planetenbahnen berührende Ellipse tatsächlich die günstigste Verbindungsmöglichkeit darstellt.

www.ingramcontent.com/pod-product-compliance
Lightning Source LLC
Chambersburg PA
CBHW081236190326
41458CB00016B/5801